# 装配式混凝土建筑技术体系发展指南

## （居住建筑）

中国建筑标准设计研究院有限公司
住房和城乡建设部科技与产业化发展中心　主编

中国建筑工业出版社

**图书在版编目（CIP）数据**

装配式混凝土建筑技术体系发展指南：居住建筑/中国建筑标准设计研究院有限公司，住房和城乡建设部科技与产业化发展中心主编. —北京：中国建筑工业出版社，2019.8
ISBN 978-7-112-24031-9

Ⅰ.①装… Ⅱ.①中… ②住… Ⅲ.①装配式混凝土结构-居住建筑-建筑设计-指南 Ⅳ.①TU241-62

中国版本图书馆CIP数据核字（2019）第161300号

责任编辑：田立平　李　璇
责任校对：芦欣甜

**装配式混凝土建筑技术体系发展指南（居住建筑）**
中国建筑标准设计研究院有限公司
住房和城乡建设部科技与产业化发展中心　主编
*
中国建筑工业出版社出版、发行（北京海淀三里河路9号）
各地新华书店、建筑书店经销
北京红光制版公司制版
廊坊市海涛印刷有限公司印刷
*
开本：787×1092毫米　1/16　印张：5　字数：118千字
2019年11月第一版　2019年11月第一次印刷
定价：**32.00**元
ISBN 978-7-112-24031-9
（34537）
**版权所有　翻印必究**
如有印装质量问题，可寄本社退换
（邮政编码　100037）

# 中华人民共和国住房和城乡建设部
# 公　　告

2019 年　第 180 号

---

## 住房和城乡建设部关于发布《装配式混凝土建筑技术体系发展指南（居住建筑）》的公告

为贯彻落实《国务院办公厅关于大力发展装配式建筑的指导意见》（国办发〔2016〕71 号），深入指导装配式混凝土居住建筑技术体系发展，进一步推动装配式建筑产业化，我部组织编制了《装配式混凝土建筑技术体系发展指南（居住建筑）》，现予以发布。

本指南在住房和城乡建设部门户网站（www. mohurd. gov. cn）公开，并由中国建筑工业出版社出版发行。

住房和城乡建设部

2019 年 7 月 4 日

# 《装配式混凝土建筑技术体系发展指南（居住建筑)》编审名单

编写组负责人：刘东卫　郁银泉　文林峰

编写组成员：高志强　周祥茵　武　振　伍止超　马　涛　李晓明　王凌云　肖　明　魏素巍　李晓峰　刘若南　夏绪勇　田春雨　郝　伟　曹　爽　苗　青　李　然　王　赞　冯海悦　赵　钿　李　文　冯仕章　王世星　满孝新　马恩成　刘云龙　苏衍江　白聪敏　樊则森　田　炜　李　浩　马文文　朱　茜　杜志杰　徐小童　何晓微　樊　骅　彭　雄　周　寻　郑　阳　陆小彪

审查组组长：周绪红

审查组副组长：赵冠谦

审查组成员：（按姓氏笔画为序）

水浩然　李　桦　杨思忠　汪　杰　张守峰　张宗军　赵中宇　黄秋平

主编单位：中国建筑标准设计研究院有限公司

住房和城乡建设部科技与产业化发展中心

参编单位：中国建筑设计研究院有限公司

北京国标建筑科技有限责任公司

北京市建筑设计研究院有限公司

中国建筑科学研究院有限公司

中建科技集团有限公司

南京长江都市建筑设计股份有限公司

中国中建设计集团有限公司

中建一局集团建设发展有限公司

宝业集团股份有限公司

北京和能科技人居有限公司

东易日盛装饰集团

中科建（北京）工程技术研究院有限公司

# 前　言

党的十九大报告明确提出坚持绿色发展理念，而装配式建筑是建设领域践行绿色发展的重要载体之一。《中共中央国务院关于进一步加强城市规划建设管理工作的若干意见》提出，2025 年我国装配式建筑占新建建筑的比例将达到 30%。按此要求，在建设领域推进装配式建筑，既是落实国家宏观战略要求的需要，更是完成工程建设领域工作任务的需要。

近年来，我国装配式建筑已由起步期进入快速发展时期，国家顶层设计逐步成型，各地方具体政策指导措施正在有序推进，但在工作推进过程中，面临一些亟待解决的问题，如：参与企业对标准化方法与体系的建立缺乏认识，建筑通用体系的发展方向和技术内容不清晰；在设计、生产、施工、维护全过程中，尚未贯彻与落实标准化技术等。

基于此，编制《装配式混凝土建筑技术体系发展指南（居住建筑）》（以下简称《发展指南》），指引行业将标准化方法作为贯穿于装配式建筑技术体系发展的主线，让标准化的思维深入人心，得到各方更好的全面理解，在工程实践中更好实现并发挥标准化的作用，将标准化的原则作为开启整个装配式建筑技术体系发展的关键钥匙。

装配式建筑由结构、外围护、内装、设备与管线四大系统集成，各系统及系统间基于部品部件通过一定的规则集成组装而成。其核心是企业生产的标准化部品部件；而“通过一定的规则”是指由部品部件装配成建筑后，整体建筑需要满足安全性、耐久性、适用性等各方面的性能目标。这就需要建立规则，保证这个“组装”不是无序的、随意的，而是为实现既定性能目标建立的整套的通用性“技术体系”作为支撑。

“技术体系”指的是为实现一定的目标所需要的整套技术的集成，不同层级的目标就会建立不同层级的技术体系。装配式混凝土建筑技术体系指以建造装配式混凝土建筑为目的的成套技术的集成，涵盖结构、外围护、内装、设备与管线四大系统的系列部品部件及其集成技术，贯穿建造的全过程。

《发展指南》按照适用、经济、绿色、安全、美观原则，展望装配式混凝土建筑发展的未来，以标准化部品部件为根本，提炼出部品部件共性的、具有不同特色的标准化要素，指导部品部件去实现标准化。以模块化方法统领建筑集成，并采用一体化建造、信息化管理的模式将全专业、全过程串联在一起，保证技术体系的落地实施。

《发展指南》编制的具体内容以建筑师统领的标准化设计为龙头，以形成标准化的部品部件为着力点和落脚点，这是技术体系建立和发展的根本、核心和主线。

《发展指南》为研发装配式混凝土建筑技术体系（不同层级）的各类企业提供指引，指导企业研发系列化部品部件，以整体建筑为出发点建立完善的技术体系；《发展指南》为建设管理部门在制定技术政策、选择技术体系发展路径等方面提供参考，指导建设管理部门抓住标准化主线推进绿色建造和发展，推进工程建设管理精准化，推进建设服务精确化。

《发展指南》在以下各方面为技术的建立和发展提供了全面的指导：

1. 在建筑系统集成方面，主要强调装配式建筑应进行标准化设计，并提出了建筑师统领的模块化设计理念，为实现部品部件的标准化、系列化奠定基础。

2. 在结构系统方面，主要从安全性、适用性、耐久性等方面提出通用技术要求，重点研究墙板类构件、柱类构件、梁类构件、楼板类构件、预制楼梯等构件的标准化指导。

3. 在外围护系统方面，以非承重外围护系统的通用要求为总体目标，围绕技术体系关键要点，结合系统分类和装配化特点，提出了安全性、适用性、耐久性要求，明确了外围护系统部品的连接做法，提供了全面综合的标准化指导。

4. 在内装系统方面，主要从一体化装修的角度出发，从内装模数协调入手，重点对墙面和隔墙、吊顶、楼地面、内门窗、集成式厨房、集成式卫生间、整体收纳等提供标准化指导。

5. 在设备与管线系统方面，主要从系统集成角度出发，重点提出设备与管线系统的标准化原则，并从空间使用、接口、标准化集成等方面提供标准化指导。

6. 在一体化建造方面，结合工程总承包建造模式体现出的建造组织化、系统化、精细化特点，系统分析装配式建筑“设计—采购—生产—施工”建造各个环节的一体化，梳理采用以工程总承包模式实施装配式建筑建造全过程的最佳技术途径。

7. 在信息化管理方面，阐述了基于 BIM 的装配式建筑信息化管理体系搭建，分析了信息化管理平台及各阶段软件和管理系统的适用性，分别提出了装配式建筑设计阶段、生产阶段、施工阶段、运维管理阶段以及政府监管的信息化管理的要点。

《发展指南》适用于装配式混凝土居住建筑技术体系的建立和发展，其他类型的装配式建筑可作为参考。

《发展指南》的编制工作得到了住房和城乡建设部标准定额司领导的大力支持，凝聚了众多业内专家的辛勤劳动，编制的内容汇聚了业内的研究成果，在此向各位领导、有关单位和专家致以真挚的谢意。

由于《发展指南》内容涉及面广，编制时间仓促，难免存在缺点和问题，敬请批评指正，以便修改完善。

联系地址：北京市海淀区首体南路 9 号主语国际 2 号楼

邮　　编：100048

联系电话：010-68799100

《装配式混凝土建筑技术体系发展指南（居住建筑）》编写组

二〇一九年七月

# 目　　录

# 1 总　　则

**1.0.1** 为在装配式混凝土建筑的建设过程中，贯彻执行国家的技术经济政策，将标准化理念贯穿于设计、生产、运输、施工安装、运营维护全过程，引导部品部件的标准化，促进技术体系的建立和完善，提升装配式混凝土建筑的建造水平，制定本《发展指南》。

【注释】

近年来，我国装配式建筑已由起步期进入快速发展时期。国家层面顶层制度设计逐步成型，地方层面的具体政策指导措施正在有序推进，相关技术体系和标准体系正在逐步完善过程中。但在行业发展过程中存在一些亟待解决的问题，如：企业对装配式建筑技术体系发展方向与实现路径的理解存在偏颇；在设计、生产、施工安装、运行维护全过程，尚未贯穿与落实标准化理念等，亟待出台一本指导文件来规范装配式混凝土建筑的建设，指引行业将标准化原则作为牵起整个装配式建筑技术体系发展的关键钥匙，将标准化理念落实到装配式混凝土建筑的设计、生产运输、施工安装、运营维护等的全过程中，进一步落实到部品部件的标准化设计、生产制作和施工安装层面，全面提升装配式混凝土建筑发展质量和效率。

**1.0.2** 装配式混凝土建筑技术体系是以建造装配式混凝土建筑为目标的成套技术集成，涵盖结构、外围护、内装、设备与管线四大系统的系列部品部件及其集成技术。

【注释】

装配式建筑由结构、外围护、内装、设备与管线四大系统集成，各系统及系统间基于部品部件通过一定的规则组装而成。其核心是企业生产的标准化部品部件，而“通过一定的规则”是指由部品部件装配成建筑后，整体建筑需要满足安全性、耐久性、适用性等各方面的性能目标，这就需要建立规则，保证这个“组装”不是无序的、随意的，而是为实现既定性能目标建立的整套的通用性“技术体系”作为支撑。

**1.0.3** 装配式混凝土建筑发展应遵循适用、经济、绿色、安全、美观的原则，装配式混凝土建筑技术体系应符合标准化设计、工厂化生产、装配化施工、一体化装修、信息化管理和智能化应用的要求。

【注释】

本条阐述了装配式混凝土居住建筑建设的基本原则，强调了标准化设计、工厂化生产、装配化施工、一体化装修、信息化管理和智能化应用等全产业链工业化生产要求。

**1.0.4** 本《发展指南》以指导部品部件的标准化、通用化、系列化发展为核心内容，以模块化设计方法统领建筑系统集成，依托 BIM 技术、工程总承包模式促成一体化建造、信息化管理。

【注释】

我们一直希望通过装配式建筑能够实现“像搭积木一样盖房子”的梦想，且我们也一直在朝着这个方向努力。部品部件就是我们的积木，房子是我们需要实现的目标，通过一定的规则保证通过部品部件搭设的房子符合我们的需求是我们建造的过程。我们希望拿到手的积木具有更高程度的通用性、互换性，同时也希望组装的规则能够简单、统一，这就是我们所说的“标准化”。装配式混凝土居住建筑的发展，要在完善技术体系的基础上，推进工程总承包和信息化技术应用。完善技术体系的关键主线是标准化，龙头是设计标准化，具体内容应落到装配式建筑的部品部件的标准化，以形成标准化的部品部件及构件为着力点和落脚点。在信息化管理方面，要搭建基于 BIM 的装配式建筑信息化管理体系，研究装配式建筑设计阶段、生产阶段、施工阶段以及运维管理阶段的信息化管理要点。在工程总承包建造模式方面，要结合工程总承包建造模式体现出的建造组织化、系统化、精细化特点，系统分析与装配式建筑“设计—采购—生产—施工”各个环节的吻合度，梳理以工程总承包模式实施装配式建筑的最佳技术途径。

# 2 建 筑 集 成

## 2.1 一 般 规 定

**2.1.1** 装配式建筑是由结构、外围护、内装、设备与管线四大系统组成，应用模数协调、模块组合的方法，通过部品部件的标准化接口和节点，采用适合的装配技术集成的建筑。

【注释】

装配式建筑的关键在于集成，新型装配式建筑不等于传统生产方式和装配化的简单相加，用传统的设计、施工和管理模式进行装配化施工不是真正的装配式建筑建造。只有将结构、外围护、内装、设备与管线四大系统集成为完整的建筑，才能体现装配式建筑建造的优势，实现提高质量、提升效率、减少人工、减少浪费的目的。

**2.1.2** 装配式建筑设计应采用全过程、各专业协同配合的方法。

【注释】

装配式建筑设计应充分考虑四大系统之间的集成，并应统筹规划设计、部品部件生产、施工建造和运营维护，进行建筑、结构、机电设备、室内装修等一体化设计，不仅应加强建设全过程中的建设、设计、生产、施工、监理各参与方之间的协同配合，还应加强建筑、结构、设备、装修等专业之间的协同配合。

**2.1.3** 标准化设计理念应贯穿装配式建筑建造的全过程。装配式居住建筑标准化设计应符合以下原则：

**1** 应符合城市规划的要求，并与当地的产业资源和周围环境相协调。

**2** 在模数协调的基础上，应遵循少规格、多组合的原则，着重对部品部件进行标准化设计，提升生产模具的复用率，降低成本。

**3** 居住建筑应采用套型、核心筒等功能模块进行组合，实现标准化设计。

**4** 部品部件应采用标准化、通用化的接口技术，实现互换性。接口应具备调整公差、容错的功能。

【注释】

标准化是装配式建筑的技术核心，贯穿设计、生产、安装、使用的全过程。设计标准化是实现生产工艺标准化、施工工法标准化的关键性前提。通过标准化设计，一方面可以促进部品部件的工厂化生产，装配化施工，降低成本，提高生产、安装施工效率，方便维护管理与责任追溯；另一方面有利于形成全面、系统的技术标准与规范，为建立健全企业技术体系发展提供技术支撑。

我国各地区在气候、环境、资源、经济社会发展水平及民俗文化等方面都存在较大差异，在工程建设中应符合所在地城市规划的要求，因地制宜与周围环境相协调是建筑设计的基本原则。

模数协调是进行标准化设计的基础条件，通过协调主体结构部件、外围护部品、内装部品、设备与管线部品之间的模数关系，优化部品部件的尺寸，保证部品部件标准化，并满足通用性与互换性的要求，从而实现大规模的工厂化生产，有效降低成本，提高施工安装效率。模数的采用及进行模数协调应符合部品部件受力合理、生产简单、优化尺寸和减少部品部件种类的需要，满足部品部件的互换、位置可变的要求。“少规格，多组合”是装配式建筑设计的重要原则，减少部品部件的规格种类及提高部品部件生产模具的重复使用率，利于部品部件的生产制造与施工，利于提高生产速度和工人的劳动效率，从而降低造价。

要保证装配式建筑的技术可行性和经济合理性，采用标准化的设计方法，减少部品部件规格和接口种类是关键点。从装配式建筑设计的技术策划阶段到构件深化设计阶段的全过程，设计人员要有“建筑是由不同功能模块组合而成，模块又由部品部件组合而成”的设计理念，结合居住建筑的功能要求进行标准化设计。

## 2.2 标 准 化 设 计

**2.2.1** 模数协调

**1** 装配式建筑的标准化设计应采用模数协调的方法，应符合现行国家标准《建筑模数协调标准》GB/T 50002的有关规定。

**2** 功能空间宜采用界面定位法。

**3** 模数协调应利用模数数列调整建筑与部品部件的尺寸关系，部品部件定位可采用中心线定位法、界面定位法或中心线与界面定位法混合使用的方法。

【注释】

装修完成后所提供的空间是真正有效使用的建筑功能空间，功能空间采用界面定位法是进行精细化设计、生产、安装的前提与保障。

**2.2.2** 模块与模块组合

**1** 装配式居住建筑设计应满足使用者多样化的居住需求，应采用模块和模块组合的设计方法。

**2** 模块由标准化的部品部件通过标准化的接口组成，应根据不同功能建立模块，并满足功能性和通用性的要求。

**3** 模块应进行精细化设计，应考虑系列化，同系列模块间应具备一定的逻辑及衍生关系，并预留统一的标准化接口。

**4** 住宅建筑的单元模块由套型模块和核心筒模块组成。

**5** 套型模块由起居室（厅）、卧室、门厅、餐厅、厨房、卫生间、收纳和阳台等功能模块组成，应根据使用需求提供适宜的空间优先尺寸。

**6** 核心筒模块主要由楼梯间、电梯井、前室、公共走道、候梯厅、设备管道井、加压送风井等功能组成，应根据使用需求进行标准化设计。

【注释】

装配式居住建筑的设计，应将标准化与多样化两者巧妙结合并协调设计。在实现标准化的同时，兼顾多样化和个性化。用标准化套型模块和核心筒模块组合出不同平面形式和建筑形态的单元模块。为满足规划多样性和场地适应性等要求，楼栋可由不同单元模块组合而成。

(1) 起居室（厅）模块应按照套型的定位，满足居住者日常起居、娱乐、会客等功能需求，应注意控制开向起居室（厅）的门的数量和位置，保证墙面的完整性，便于各功能区的布置。

(2) 卧室模块按照使用功能一般分为双人卧室、单人卧室以及卧室与起居室（厅）合并的三种类型。卧室与起居室（厅）合为一室时，应不低于起居室（厅）的设计标准，并适当考虑空间布局的多样性。

(3) 门厅模块应结合收纳部品进行精细化设计。

(4) 餐厅模块应分为独立餐厅及客厅就餐区域。

(5) 厨房模块应采用标准化集成式厨房部品。厨房模块中的管道井应集中布置并预留检修口。

(6) 卫生间模块应采用标准化集成式卫生间部品，应根据套型定位及一般使用频率和生活习惯进行合理布局。

(7) 收纳模块分为独立式及入墙式。

**2.2.3** 平面标准化

**1** 装配式居住建筑的平面应规整，合理控制楼栋的体形，应符合现行国家标准《建筑抗震设计规范》GB 50011 的相关规定，并应符合国家工程建设节能减排、绿色环保的要求。

**2** 装配式居住建筑宜优先采用大开间、大进深的布置方式，提高空间使用的灵活性与可变性，满足住户对空间多样化的需求。

【注释】

平面设计的规则性有利于结构的安全，符合建筑抗震设计规范的要求，可以减少部品部件的类型，可以降低生产安装的难度，有利于经济的合理性。

在建筑设计中要从结构安全和经济性角度优化设计方案，尽量减少平面的凸凹变化，避免不必要的不规则和不均匀布局。

装配式混凝土居住建筑的平面设计应从全生命周期的使用需求出发，宜优先采用大开间、大进深的布置方式，应提高空间的灵活性与可变性，满足功能空间的多样化使用需求，有利于减少部品部件的种类，提高生产和施工效率，节约造价。

目前，居住建筑多为砌体和剪力墙结构，其承重墙体系严重限制了居住空间的尺寸和布局，不能满足使用功能的变化和对居住品质的更高要求，而大开间、大进深布置方式满足了居住建筑空间的可变性、适应性要求。室内空间划分可采用轻钢龙骨石膏板等轻质隔墙进行灵活的空间划分，轻钢龙骨石膏板隔墙内还可布置设备管线，方便检修和改造更新，满足建筑的可持续发展，符合国家工程建设节能减排、绿色环保的方针政策。

**2.2.4** 立面标准化

**1** 装配式建筑立面设计应体现工厂化生产、装配式施工和外围护结构简洁规整的特征。在标准化设计的基础上，实现立面形式的多样化。

**2** 可通过阳台、栏板、空调板、分隔墙等预制构件进行标准化设计，运用多样性组合的设计手法，体现出装配式居住建筑的简洁与变化，达到标准化设计与个性化的目的。

**3** 还可通过建筑体量、材质肌理、色彩、光影等变化，形成丰富多样的立面效果。

**2.2.5** 部品部件标准化

部品部件设计应符合标准化、通用化的原则，采用标准化接口，提高其互换性和通用性。部品部件的尺寸在设计、加工和安装过程中的关系应符合下列规定（图 2.2.5）：

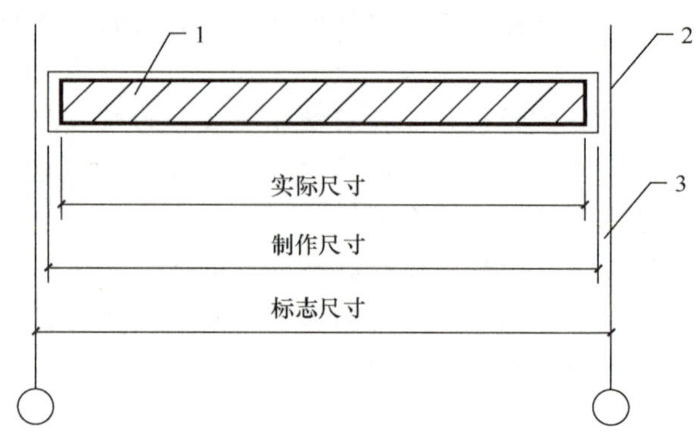


图 2.2.5 部品部件的尺寸

1—部品部件；2—基准面；3—装配空间

**1** 部品部件的标志尺寸是指符合模数数列的规定，用以标注建筑物定位线或基准面之间的垂直距离以及部品部件、有关设备安装基准面之间的尺寸。

**2** 部品部件的制作尺寸是指制作部品部件所依据的设计尺寸。

**3** 部品部件的实际尺寸是指部品部件在生产制作后的实际测得尺寸。

【注释】

部品部件的尺寸对部品部件的安装有着重要的意义。在指定领域中，部品部件的基准面之间的距离，可采用标志尺寸、制作尺寸和实际尺寸来表示，对应着部品部件的基准面、制作面和实际面。部品部件先假设的制作完毕后的面，称为制作面，部品部件实际制作完成的面称为实际面。

对设计人员而言，更关心部品部件的标志尺寸，设计师根据部品部件的基准面及其接口来确定部品部件的标志尺寸。

对生产作业来说则关心部品部件的制作尺寸，必须保证制作尺寸符合基本公差的要求，以保证部品部件之间的安装协调。

对建设方而言，则关注部品部件的实际尺寸、安装完成后的效果。

在指定领域的场合中，部品部件基准面与部品部件制作面之间的距离称为“连接空间”（亦称“空隙”），部品部件制作面和实际面之间的距离称为“误差”。

部品部件的安装应根据部品部件的标志尺寸以及接口要求，规定部品部件安装中的制作尺寸、实际尺寸和允许公差之间的尺寸关系。

**2.2.6** 标准化接口

**1** 接口的性能与其所在建筑中的位置有关，确定接口性能指标需综合考虑接口所连接的部品部件性能等。

**2** 接口形式可按多种方式分类。按连接类型，可分为点连接、线连接和面连接；按所连接部品部件的相互位置关系，可分为并列式和嵌套式；按连接强度，可分为固定（强连接）、可变（弱连接）和自由（无连接）；按连接技术手段，可分为粘接式、填充式和固定式。

**3** 接口尺寸应考虑部品部件的制作公差，安装阶段的放线公差、安装公差，使用期间的形变公差等。

【注释】

接口是指相邻两部品或部件之间的界面。形成界面需考虑生产和安装公差的影响及各种预期变形，如挠度、体积变化等。

标准化接口是指具有统一的尺寸规格与参数，并满足公差与配合要求的接口。接口标准化易于实现部品部件的通用性与互换性。

目前部品部件及其接口的标准化程度较低，大部分部品部件仍采用定制方式生产。各生产企业根据自身部品部件特性及工艺确定所采用的接口，种类繁多，使部品部件无法互换通用，不能作为商品在全社会范围内实现量产，严重阻碍了装配式建筑的高质量发展。

本条描述了接口确定的三要素：接口的性能、接口的形式和接口的尺寸。接口三要素之间相互影响、相互制约。接口形式和尺寸的设计是以实现相应的接口性能为目标，而接口的性能要求和连接形式又会对尺寸产生直接影响。在三要素中，接口尺寸是标准化接口的重要因素，预先规定连接的形状，可实现不同厂家产品的互换与装配。

## 2.3 功能空间标准化

**2.3.1** 居住建筑功能空间的标准化设计应根据功能选择开间、进深、层高的优先尺寸。优先尺寸为装配式居住建筑设计中考虑功能空间的适应性、部品部件生产工艺及材料规格、各系统尺寸协调关系等因素优先选用的尺寸，是从基本模数（1M）、扩大模数（如2M、3M……）和分模数（如M/2、M/5……）数列中挑选出来通用性强的尺寸。

【注释】

优先尺寸是从基本模数、导出模数和模数数列中事先挑选出来的模数尺寸。它与地区的经济水平和制造能力密切相关。优先尺寸越多，则设计的灵活性越大，部品部件的可选择性越强，但制造成本、安装成本和更换成本也会增加；优先尺寸越少，则部件的标准化程度越高，但实际应用受到的限制越多，部品部件的可选择性越低。

**2.3.2** 装配式住宅建筑的层高宜为3000mm、2900mm和2800mm。

【注释】

装配式住宅的层高要根据不同的建设方案、结构选型、内装方式合理确定。采用传统地面构造做法与采用SI设计的楼地面高度是不同的。影响层高的因素主要为架空地板与吊顶的高度。

采用传统地面构造做法的建筑，如采用地面辐射供暖时，供暖管线敷设于楼面的垫层，住宅的层高宜为2.90m，如采用传统的散热器采暖，则与传统现浇混凝土建筑的层高无区别。

采用SI技术且通层设置地板架空层的住宅层高不宜低于3.00m；采用局部设置架空层的住宅层高不宜低于2.80m。

**2.3.3** 起居室（厅）、卧室、餐厅功能空间水平方向宜优先采用扩大模数，可采用基本模数；竖向宜采用基本模数。

【注释】

过去我国住宅的开间、进深轴线尺寸多采用3M的整数倍，后来由于房地产市场化的影响，基本上对住宅模数没有强制规定，这不利于装配式居住建筑实现标准化和多样性的统一。根据工程实践经验，装配式居住建筑开间、进深平面尺寸采用2M、3M的整数倍可满足平面功能布局的灵活性及模数协调的要求，也适合内装部品的工业化生产，对于装配式居住建筑中较大的功能空间水平方向，宜优先采用扩大模数，条件受限时也可采用基本模数。

**2.3.4** 住宅楼梯间的优先尺寸应符合下列规定：

**1** 楼梯间开间及进深的轴线尺寸应采用扩大模数2M、3M的整数倍。

**2** 楼梯梯段宽度应采用基本模数1M的整数倍。

**3** 楼梯踏步的高度不应大于175mm，宽度不应小于260mm，各级踏步高度、宽度均应相同。

**4** 楼梯间轴线与楼梯间墙体内表面距离应为100mm。

**5** 建筑层高为2800mm、2900mm、3000mm时，双跑楼梯间的优先尺寸应根据表2.3.4-1选用。

**双跑楼梯间开间、进深及楼梯梯段宽度优先尺寸**（mm） **表2.3.4-1**

| 层高＼平面尺寸 | 开间轴线尺寸 | 开间净尺寸 | 进深轴线尺寸 | 进深净尺寸 | 梯段宽度尺寸 | 每跑梯段踏步数 |
|---|---|---|---|---|---|---|
| 2800 | 2700 | 2500 | 4500 | 4300 | 1200 | 8 |
| 2900 | 2700 | 2500 | 4800 | 4600 | 1200 | 9 |
| 3000 | 2700 | 2500 | 4800 | 4600 | 1200 | 9 |

**6** 建筑层高为2800mm、2900mm、3000mm时，单跑剪刀楼梯间优先尺寸应根据表2.3.4-2选用。

**剪刀楼梯间开间、进深及楼梯梯段宽度优先尺寸**（mm） **表2.3.4-2**

| 层高＼平面尺寸 | 开间轴线尺寸 | 开间净尺寸 | 进深轴线尺寸 | 进深净尺寸 | 梯段宽度尺寸 | 两梯段水平净距离 | 每跑梯段踏步数 |
|---|---|---|---|---|---|---|---|
| 2800 | 2800 | 2600 | 6800 | 6600 | 1200 | 200 | 16 |
| 2900 | 2800 | 2600 | 7000 | 6800 | 1200 | 200 | 17 |
| 3000 | 2800 | 2600 | 7400 | 7200 | 1200 | 200 | 18 |

注：表中尺寸确定均考虑住宅楼梯梯段一边设置靠墙扶手。

**7** 建筑层高为2800mm、2900mm、3000mm时，单跑楼梯间优先尺寸应根据表2.3.4-3选用。

**单跑楼梯间开间、进深、楼梯梯段、楼梯水平段优先尺寸**（mm） **表2.3.4-3**

| 层高＼平面尺寸 | 开间轴线尺寸 | 开间净尺寸 | 进深轴线尺寸 | 进深净尺寸 | 梯段宽度尺寸 | 水平段宽度尺寸 | 每跑梯段踏步数 |
|---|---|---|---|---|---|---|---|
| 2800 | 2700 | 2500 | 6600 | 6400 | 1200 | 1200 | 16 |
| 2900 | 2700 | 2500 | 6900 | 6700 | 1200 | 1200 | 17 |
| 3000 | 2700 | 2500 | 7200 | 7000 | 1200 | 1200 | 18 |

注：表中尺寸确定均考虑住宅楼梯梯段一边设置栏杆扶手。

【注释】

楼梯间开间、进深及楼梯梯段宽度的最小尺寸确定主要依据为：

为了保证楼梯构件的标准化程度，特规定本条第 4 款。

（1）《建筑设计防火规范》GB 50016 的要求：住宅疏散楼梯净宽不应小于 1.10m；建筑高度不大于 18m 的住宅中一边设置栏杆的疏散楼梯，其净宽度不应小于 1.0m；建筑内的公共疏散楼梯，其两梯段及扶手间的水平净距不宜小于 150mm。

（2）《民用建筑设计统一标准》GB 50352 要求：楼梯平台宽度不小于 1.20m；住宅楼梯踏步的最大高度为 175mm，最小宽度为 260mm。

（3）《住宅设计规范》GB 50096 要求：楼梯间为剪刀楼梯时，楼梯平台的净宽不得小于 1300mm。

（4）根据目前楼梯栏杆扶手常用构造所需尺寸确定：

① 梯段扶手中心距梯段边结构面的构造尺寸按 50mm 或 60mm 考虑。两梯段水平净距按 100mm 考虑。

② 平台处扶手中心距梯段边结构面的构造尺寸按 130mm 考虑。扶手中心距墙面大于 1100mm。楼梯平台宽度不小于 1200mm；剪刀楼梯为 1300mm。

③ 剪刀梯的靠墙扶手中心距结构面的墙构造尺寸按 80mm 考虑。两梯段水平净距 200mm 设置防火隔墙。

双跑楼梯间开间、进深及楼梯梯段宽度的最小尺寸见表 2.3.4-4。

**双跑楼梯间开间、进深及楼梯梯段宽度最小尺寸表**（mm） **表 2.3.4-4**

| 层高 \ 平面尺寸 | 开间轴线尺寸 | 开间净尺寸 | 进深轴线尺寸 | 进深净尺寸 | 梯段宽度尺寸 |
|---|---|---|---|---|---|
| 2800 | 2600（2400） | 2400（2200） | 4500 | 4300 | 1150（1050） |
| 2900 | 2600（2400） | 2400（2200） | 4800 | 4600 | 1150（1050） |
| 3000 | 2600（2400） | 2400（2200） | 4800 | 4600 | 1150（1050） |

注：括号中的尺寸为建筑高度不大于 18m 的住宅中一边设置栏杆的楼梯间及梯段宽度。

考虑到建筑高度不大于 18m 的住宅中楼梯使用率高，将其相关尺寸与建筑高度大于 18m 的住宅楼梯相关尺寸统一，以减少楼梯梯段规格。为了使楼梯梯段宽度符合基本模数要求，将楼梯梯段最小宽度增加 50mm，由此也能双侧设置扶手，满足未设电梯的多层住宅适老化的要求。

装配式建筑的楼梯间不采用抹灰装修面层，可采用清水混凝土墙等。建议楼梯间与供暖房间之间的保温层结合装配式内装修设在供暖房间一侧，楼梯间一侧不考虑设置保温层。

**2.3.5** 电梯井道优先尺寸应符合下列规定：

**1** 住宅电梯宜采用载重 800kg、1000kg、1050kg 三类电梯。

**2** 电梯井道开间及进深的轴线尺寸应采用扩大模数 2M、3M 的整数倍。

**3** 电梯井道开间、进深优先尺寸应根据表 2.3.5 选用。

**电梯井道开间、进深优先尺寸**（mm） **表 2.3.5**

| 载重（kg）\平面尺寸 | 开间轴线尺寸 | 开间净尺寸 | 进深轴线尺寸 | 进深净尺寸 |
|---|---|---|---|---|
| 800 | 2100 | 1900 | 2400 | 2200 |
| 1000 | 2400 | 2200 | 2400 | 2200 |
| 1000 | 2200 | 2000 | 2800 | 2600 |
| 1050 | 2200 | 2000 | 2400 | 2200 |

注：住宅用担架电梯可采用 1000kg 深型电梯，轿厢净尺寸为 1100mm 宽、2100mm 深；也可采用 1050kg 电梯，轿厢净尺寸为 1600mm 宽、1500mm 深或 1500mm 宽、1600mm 深。

【注释】

根据目前住宅中常用电梯及相关尺寸综合确定载重 800kg、1000kg、1050kg 三类电梯的开间、进深（轴线）定位尺寸。电梯轴线与电梯墙内表面距离为 100mm。

确定载重 1050kg 的电梯为担架电梯，主要依据《住宅设计规范实施指南》（2012 年，中国建筑工业出版社出版）中关于“住宅配置可容纳担架电梯的论证”确定，以满足电梯标准化、通用化要求。目前有些地方相关部门规定采用深型电梯，且规定的轿厢尺寸各有不同，此条统一深型电梯尺寸。

电梯间与供暖房间之间的保温层结合装配式内装修设在供暖房间一侧，电梯间一侧不考虑设置保温层。

**2.3.6** 走道宽度净尺寸不应小于 1200mm，优先尺寸宜为 1200mm、1300mm、1400mm、1500mm。

【注释】

根据《住宅设计规范》GB 50096 的要求：走廊通道的净宽不应小于 1.2m。走道轴线与走道墙内表面距离为 100mm。均按墙体厚度为 200mm 确定。

**2.3.7** 电梯厅深度净尺寸应不小于 1500mm，优先尺寸宜为 1500mm、1600mm、1700mm、1800mm、2400mm（三合一前室电梯厅）。

【注释】

根据《住宅设计规范》GB 50096 的要求：电（候）梯厅深度不应小于多台电梯中最大轿厢的深度，且不小于 1.5m，同时考虑装修，净尺寸要求 1600mm。电梯厅轴线与走道电梯厅墙内表面距离为 100mm。均按墙体厚度为 200mm 确定。

《建筑设计防火规范》GB 50016 规定：楼梯的共用前室与消防电梯的前室合用（简称三合一前室）短边最小净尺寸不应小于 2400mm。

**2.3.8** 公共管井的净尺寸应根据设备管线布置需求确定，并宜采用 1M 的整数倍。

**2.3.9** 集成式厨房、集成式卫生间、收纳功能空间应与住宅套型设计紧密结合，并根据功能确定合理的尺寸，且应符合下列规定：

**1** 集成式厨房、集成式卫生间、收纳空间水平方向及竖向宜优先采用 1M 的整数倍，也可采用 1M 的整数倍及其与 M/2 的组合。

**2** 集成式厨房平面优先净尺寸可根据表 2.3.9-1 选用。

**集成式厨房平面优先净尺寸**（mm×mm） **表 2.3.9-1**

| 平面布置 | 宽度×长度 |
|---|---|
| 单排布置 | 1500×2700、1500×3000（2100×2700） |
| 双排布置 | 1800×2400、2100×2400、2100×2700、2100×3000（2400×2700） |
| L形布置 | 1500×2700、1800×2700、1800×3000（2100×2700） |
| U形布置 | 1800×3000、2100×2700、2100×3000、（2400×2700、2400×3000） |

注：括号内数值适用于无障碍厨房。

**3** 集成式卫生间平面优先净尺寸可根据表 2.3.9-2 选用。

**集成式卫生间平面优先净尺寸**（mm×mm） **表 2.3.9-2**

| 平面布置 | 宽度×长度 |
|---|---|
| 便溺 | 1000×1200、1200×1400（1400×1700） |
| 洗浴（淋浴） | 900×1200、1000×1400（1200×1600） |
| 洗浴（淋浴+盆浴） | 1300×1700、1400×1800（1600×2000） |
| 便溺、盥洗 | 1200×1500、1400×1600（1600×1800） |
| 便溺、洗浴（淋浴） | 1400×1600、1600×1800（1600×2000） |
| 便溺、盥洗、洗浴（淋浴） | 1400×2000、1500×2400、1600×2200、1800×2000（2000×2200） |
| 便溺、盥洗、洗浴、洗衣 | 1600×2600、1800×2800、2100×2100 |

注：1 括号内数值适用于无障碍卫生间。
2 集成式卫生间内空间尺寸偏差为±5mm。

**4** 独立式收纳空间平面优先净尺寸宜根据表 2.3.9-3 选用。

**独立式收纳空间平面优先净尺寸**（mm×mm） **表 2.3.9-3**

| 平面布置 | 宽度×长度 |
|---|---|
| L形布置 | 1200×2400、1200×2700、1500×1500、1500×2700 |
| U形布置 | 1800×2400、1800×2700、2100×2400、2100×2700、2400×2700 |

**5** 入墙式收纳空间平面优先净尺寸宜根据表 2.3.9-4 选用。

**入墙式收纳空间平面优先净尺寸**（mm） **表 2.3.9-4**

| 项目 | 优先净尺寸 |
|---|---|
| 深度 | 350、400、450、600、900 |
| 长度 | 900、1050、1200、1350、1500、1800、2100、2400 |

【注释】

依据人体工程学，对于厨房、卫生间、收纳等较小的功能空间，使用时对其内部几何尺寸变化比较敏感，宜优先采用 1M 的整数倍，也可采用 1M 的整数倍及其与 M/2 的组合（如 150mm）的平面模数网格形成灵活的空间。

装配式居住建筑在套型设计时，应进行厨房、卫生间及收纳的精细化设计，考虑其在功能空间中的尺寸协调。应优先采用集成式厨房和集成式卫生间。

（1）集成式厨房的平面布局应符合炊事活动的基本流程，本标准中所推荐的优先净尺寸是在住宅厨房设计经验总结的基础上提炼的合理适用的尺寸。

（2）集成式卫生间的平面布局应符合盥洗、便溺、洗浴、洗衣/家务等功能的基本需求，可盥洗、便溺、洗浴等单功能使用，也可将任意两项（含两项）以上功能进行组合。本《发展指南》中所推荐的优先净尺寸是在住宅卫生间设计经验总结的基础上提炼的合理适用的尺寸。

**2.3.10** 阳台平面优先净尺寸应符合下列规定：

**1** 阳台平面优先净尺寸宜为扩大模数 2M、3M 的整数倍，且阳台宽度优先尺寸宜与主体结构开间尺寸一致。

**2** 阳台平面优先净尺寸宜根据表 2.3.10 选用。

**阳台平面优先净尺寸**（mm） **表 2.3.10**

| 项目 | 优先净尺寸 |
| --- | --- |
| 宽度 | 阳台宽度优先尺寸宜与主体结构开间尺寸一致 |
| 深度 | 1000、1200、1400、1600、1800 |

注：深度尺寸是指阳台挑出方向的净尺寸。

【注释】

按照使用功能，阳台可分为生活阳台和服务阳台。阳台的设施和空间安排都要切合实用，同时注意安全与卫生。本条是根据住宅常用的开间尺寸，兼顾结构安全和使用功能，归纳了常用的阳台规格尺寸。

**2.3.11** 门厅平面优先净尺寸宜根据表 2.3.11 选用。

**门厅平面优先净尺寸**（mm） **表 2.3.11**

| 项目 | 优先净尺寸 |
| --- | --- |
| 宽度 | 1200、1600、1800、2100 |
| 深度 | 1800、2100、2400 |

【注释】

根据《住宅设计规范》GB 50096 的要求：套内入口过道的净宽不宜小于 1.20m。

门厅是套内与公共空间的过渡空间，既是交通要道，又是进入室内换鞋、更衣和临时搁置物品的功能空间。门厅的尺寸均来自于工程实践的经验总结。

## 2.4 系统集成

**2.4.1** 装配式居住建筑基于既定的性能目标，对结构、外围护、内装、设备与管线各系统进行统一协调，实现各系统间的最优化组合，使之达到整体效率、效益最大化，形成完善的建筑有机整体。

**2.4.2** 装配式居住建筑在设计阶段应进行技术策划，统筹规划设计、部品部件生产运输、施工安装和运营维护等，以保证装配式建造顺利实施。

【注释】

装配式居住建筑设计阶段应充分考虑生产、施工的可行性和经济性，应充分考虑部品部件生产和施工的可行性因素，通过技术优化保证建筑设计、生产运输、施工安装、运营维护等各环节顺利实施。

**2.4.3** 一体化设计在工程项目的各个设计阶段，应充分考虑装配式建筑的设计流程特点及项目技术经济条件，对建筑、结构、机电设备及室内装修进行统一考虑，保证设计、生产、施工形成完整的体系，使各项技术体系得到协同和优化。以建筑专业协同各专业设计的主要内容为例，详见图 2.4.3。

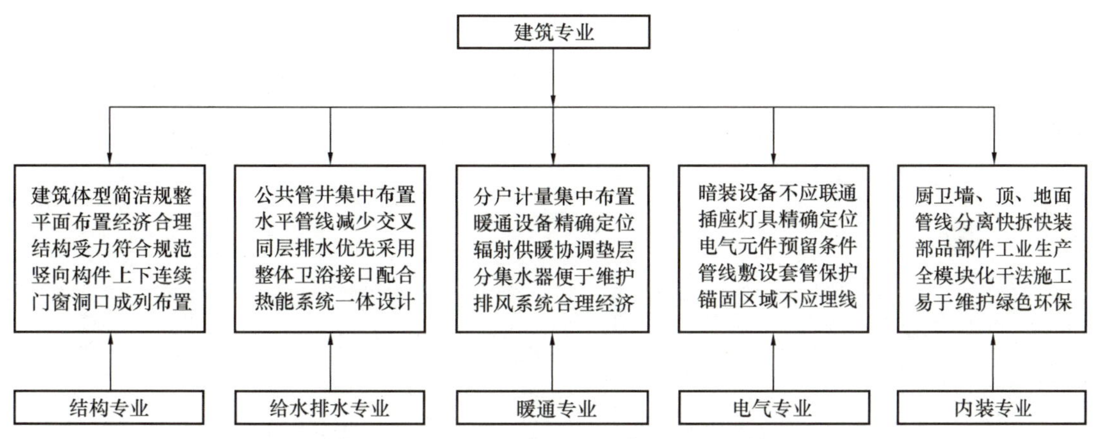


图 2.4.3 建筑专业协同各专业设计的主要内容

【注释】

一体化设计的关键是做好各相关单位、相关专业的“协同”工作，并结合实际需要找到“协同”的实施路径和办法。“协同”分为两个层级的协同：第一层级是管理协同；第二层级是技术协同。“协同”的关键是参与各方都要有“协同”意识，在各个阶段都要与合作方实现信息的互联互通，确保落实到工程上所有信息的正确性和唯一性。各参与方通过一定的组织方式建立协同关系，互提条件、互相配合，通过“协同”，最大限度达成建设各阶段任务的最优效果。

“协同”有多种方法，当前比较先进的手段是通过协同工作软件和互联网等手段提高协同的效率和质量。比如运用 BIM 技术，从项目技术策划阶段开始，贯穿设计、生产、施工、运营维护各个环节，保证建筑信息在全过程的有效衔接。

**2.4.4** 装配式居住建筑宜采用空间集约化设计、一体化集成、管线与结构分离等技术，进行各系统之间的集成。

【注释】

（1）空间集约化设计技术结合人体工学尺寸和功能使用需求，将内装、设备与管线、外围护系统等进行集成设计。通过内装、设备与管线、外围护系统之间的集成设计，释放隐蔽空间形成收纳及其他可用空间，提升功能空间的承载力，提高建筑空间的使用率。

（2）采用一体化集成技术，建立装配式建筑技术与部品的标准化、系列化、配套化，实现外围护部品、厨卫部品、设备部品和智能化部品等的集成系统。

（3）将居住建筑的结构主体与内装及设备管线分离，实现建筑平面布局的灵活可变性，保障主体结构的坚固耐久性，保障内部设施管线维护更新的便利性。

# 3 结 构 系 统

## 3.1 一 般 规 定

**3.1.1** 结构系统指预制构件通过可靠的连接方式装配而成、以承受或传递荷载作用的整体。本《发展指南》适用于装配式混凝土剪力墙结构、框架结构及框架—剪力墙结构。

【注释】

结构系统是装配式混凝土建筑的骨架，对于高层居住建筑而言，适用的结构体系主要包括剪力墙结构、框架结构（含框架支撑结构）、框架—剪力墙结构（含框架—核心筒）。

装配式混凝土结构系统应能够确保建筑物内人的生命和财产安全，并符合国家技术经济政策的要求。建筑结构可靠性应符合现行国家标准《建筑结构可靠性设计统一标准》GB 50068 的要求。

**3.1.2** 装配式混凝土结构技术体系应涵盖以下内容：

**1** 建立结构构件系统，构件系统应遵循通用化和标准化原则，针对具体的建筑产品类型，配套完整的构件产品手册及技术指标说明。在一定范围内宜形成系列化标准构件库。

**2** 形成构件连接和接口的成套技术，包括构件与构件、构件与部品等。连接技术应遵循安全可靠、适用明确、配套完整、操作简便等原则，针对具体的建筑产品类型，建立完整的标准和标准设计体系，发展相关配套产品。

**3** 建立与结构系统相匹配的设计方法，提出与结构体系相适宜的性能目标和技术要求，结构计算模型应与结构整体、构件及其连接的实际受力特征相符合。

**4** 形成预制构件生产成套技术及产品标准，包括生产工艺、模具、质量标准和管理系统、存放和运输、成品保护等。

**5** 形成装配式混凝土结构成套施工技术，包括安装工艺和工序、配套设备设施和机具、质量控制措施、检验验收方法等。

【注释】

完整的装配式混凝土结构技术体系应在保证整体结构安全性的基础上，涵盖设计、生产、施工的全过程，主要内容包括：

（1）构件及其连接

构件及其连接是装配式混凝土结构的两大基本要素，应在功能空间模块及其组合的基础上，形成标准化、系列化的结构构件及其连接技术；并应充分重视构件生产、运输、施工安装的可行性、便捷性。

在一定范围内建立标准化的构件库，一定范围指某一区域、某一类产品等。各地方或企业可根据具体的技术体系和建筑产品类型逐步建立相应的标准化构件库，如在保障性住宅中形成楼板、楼梯、墙板等标准构件库。

（2）结构整体分析设计方法

结构的安全性是基本要求，也是需要第一位考虑的因素。在确定构件及其连接做法后，应通过研究形成结构设计方法，包括：结构的性能目标要求、结构的整体分析方法、结构分析模型、构件及连接的承载力计算方法、构造要求等，按此方法设计的结构整体性能不应低于国家现行标准对结构性能的基本要求。其中，计算模型与实际受力情况的符合性对于结构的安全性至关重要，因此在装配式混凝土结构技术体系研发时应研究清楚构件及其连接的受力特性，基于该受力特性确定合适的计算模型。

（3）生产运输

成套的预制构件生产技术一般包括原材料及配件进厂，模具制作及拼装，钢筋及预埋件的安装，混凝土成型、养护、脱模、存放、运输，构件成品保护等，完善的装配式混凝土结构技术体系应配套预制构件生产各环节的技术措施，并结合施工安装的要求制定适宜的构件出厂质量控制要求。构件出厂质量控制要求包括构件的尺寸偏差、外观质量要求等。

（4）施工安装

施工安装一般包括预制构件进场、场内运输与存放、构件吊装与定位、构件临时固定、连接施工、成品保护等，应结合构件及其连接的特点建立成套的技术方案，制定各环节的质量控制措施、安全管理措施，并提出质量检验验收的方法，对于复杂的施工环节宜采用 BIM 技术进行模拟。

**3.1.3** 结构布置应与建筑功能空间相互协调，宜满足建筑功能空间组合的灵活可变性要求，宜采用大开间、大进深的布置方案。预制构件应与外围护、内装、设备与管线系统的部品部件之间进行协调。

【注释】

结构系统作为骨架，除保证其安全性外，与建筑空间的布局、各类填充部品部件（外围护、内装、设备与管线系统）都具有一定的相关性，因此建议在装配式混凝土结构技术体系研发的过程中不仅仅从结构的角度进行研究，还应站在整体建筑的角度上全面考虑，最终提升整体建筑的品质的目的。

为适应人们不同阶段对功能空间的不同需求，建筑空间提倡灵活可变性，结构构件布置与建筑功能空间的划分没有直接一一对应关系。采用隔墙实现不同功能空间的分隔更适应建筑空间灵活可变的需求。结构构件布置时应结合结构的安全性和建筑功能空间的可变性需求进行统一协调。

**3.1.4** 预制混凝土构件宜符合下列要求：

**1** 宜采用高性能混凝土、高强度钢筋，提倡采用预应力技术。

**2** 在运输、吊装能力范围内构件规格尺寸宜大型化。

**3** 钢筋混凝土结构构件宜采用成型钢筋，钢筋的定位宜标准化，钢筋的间距宜优先采用 1M 的整数倍，也可采用 1M 的整数倍及其与 M/2 的组合。

**4** 截面尺寸宜选用本章第 3.2 节的优先尺寸，应与周边部品部件进行尺寸协调，同时应考虑生产运输和施工安装的可行性。

【注释】

采用高性能混凝土、高强度钢筋，一方面可减小构件尺寸，减少连接钢筋数量，从而方便生产、施工；另一方面也是我国绿色节能发展的需要。在大跨度水平构件中采用预应力技术可减小截面尺寸、控制裂缝、节约材料。

装配式混凝土结构施工过程中，吊装的效率成为决定施工效率的一个非常重要的因素。构件大型化可减少吊装量。同时，设计还应综合考虑运输能力、吊装设备能力来决定构件的尺寸，避免少数构件决定吊装设备选型。

成型钢筋技术包括钢筋焊接网和成型钢筋骨架，采用成型钢筋技术可以实现机械化批量加工，提高生产效率，降低钢筋损耗。

我国现阶段高层装配式混凝土结构中大量构件存在外伸钢筋，外伸钢筋的定位在生产阶段对构件的侧模影响非常大。为提高构件模板的重复利用率，设计阶段应对钢筋尤其是外伸钢筋的定位和间距进行标准化设计。

**3.1.5** 预制构件之间的连接技术应符合下列要求。

**1** 应符合结构整体性能目标要求，连接做法应简单、易操作。

**2** 连接用配套产品应系列化、通用化。

**3** 连接技术应配套施工工艺。

**4** 当预制混凝土构件之间采用后浇混凝土连接时，后浇混凝土部分的宽度尺寸宜与施工模板尺寸相协调。

【注释】

预制构件通过连接形成结构整体，连接技术一方面应保证结构整体的安全可靠，实现结构整体的性能目标；另一方面，连接做法应全面考虑施工安装的可行性、易操作性，因此，在保证结构整体性能目标的前提下，为提高生产、施工效率，宜简化连接做法，方便现场操作，保证技术体系落地的效果。如框架结构采用节点现浇做法时，梁柱节点核心区钢筋多，构件安装与钢筋安装交叉情况严重，施工难度大，因此，国内有些单位研究采用多螺旋箍筋柱将柱的大量纵向受力钢筋集中在四角配置，减少了柱钢筋与梁下部纵向钢筋的交叉情况，也有企业研究采用型钢连接的方法，这些做法都可以大幅降低施工的难度。

构件之间需要通过配套产品连接时，应采用规格化、系列化的定型产品，形成固定的产品系列。

预制构件之间采用后浇段连接时，可通过对后浇段尺寸的调节来实现预制构件的标准化、模数化。在考虑预制构件本身标准化的情况下，同时也应协调考虑后浇混凝土尺寸的标准化。后浇混凝土部分尺寸涉及施工阶段模板及其支撑的标准化程度，该部分尺寸的标准化有利于标准化模板系统的开发应用。

**3.1.6** 预制构件及连接采用的定型产品，宜采用经过认证的产品，并按照产品的企业标准或使用说明书应用。

【注释】

预制构件及其连接节点中大量采用定型产品，包括用于结构构件连接的预埋件、吊装及临时支撑用预埋件等。设计、生产、安装时应严格遵循相应产品要求。避免使用仿制定型产品，或者不按要求使用。

推荐采用经过认证的产品，认证过程中会对厂家的生产设备、工艺、质量控制体系和管理体系、产品性能等进行检查和评定，有利于保证产品质量。

## 3.2 标准化指导

**3.2.1** 墙板类构件

**1** 高层建筑中预制剪力墙板尺寸宜符合表 3.2.1-1 的规定；低、多层建筑预制墙板尺寸可参照表 3.2.1-1 采用。其中，长度尺寸宜采用 2M 的整数倍，也可采用 1M 的整数倍；尚应根据建筑产品特征（空间、立面、装修等）和部品集成要求等选择适宜的模数尺寸。

**剪力墙结构中预制剪力墙板优先尺寸**（mm）　　**表 3.2.1-1**

| 项目 | | 优先尺寸范围 | 优先尺寸 |
|---|---|---|---|
| 厚度 | 多层建筑 | 100～200 | 140、160、180、200 |
| | 高层建筑 | 200 | 200、250、300、400…… |
| 一/L/T/U 型墙板长边长度 | 无门窗洞口 | 1200～4500 | 1200、1800、2400、2700、3000、3600、4200、4500 |
| | 有门窗洞口 | 1800～7200 | 1800、2400、2700、3000、3600、4200、5400、6000、6600、7200 |
| L/T/U 型墙板短边长度 | | 200～600 | 200、300、400、600 |
| 门窗洞口宽度 * | | 600～3000 | 600、800、900、1000、1200、1500、1800、2100、2400、2700、3000 |
| 有洞口墙板单侧尺寸 | | 400～1000 | 400、450、600、750、900、1000 |

注：带 * 标注的尺寸为标志尺寸。

**2** 预制剪力墙板的高度尺寸应协调建筑层高、门窗洞口尺寸、结构楼板厚度、建筑地面做法厚度、墙体两侧楼板是否存在降板及板顶标高、楼板与墙板构件的连接方式、生产和施工过程中采取的措施等综合确定。

**3** 预制剪力墙板钢筋宜优先采用成型钢筋和焊接钢筋网片组合，钢筋直径和间距宜符合表 3.2.1-2 的规定。

**预制剪力墙板钢筋选用**（mm）　　**表 3.2.1-2**

| 部位 | 钢筋直径 | 间距 |
|---|---|---|
| 边缘构件纵筋 | 12～20 | 100、150、200 |
| 竖向分布钢筋 | 8～18 | 200、300、600 |
| 水平分布钢筋 | 8～12 | 200、250、300 |

**4** 预制剪力墙板钢筋应综合考虑常用钢筋规格尺寸、钢筋连接做法、钢筋的受力性能要求、各部位的耐久性要求等制定标准化的钢筋定位，以提高模具的重复使用率。通过后浇段连接时，后浇段内钢筋定位应与构件外伸钢筋定位相匹配。

**5** 复合夹心保温墙板中外叶墙板尺寸宜符合表 3.2.1-3 的规定。

**复合夹心保温墙板选用尺寸**（mm） **表 3.2.1-3**

| 内容 | 尺寸 | 说明 |
|---|---|---|
| 外叶墙板厚度 | 60（120） | 括号内为局部加大尺寸的上限值 |
| 外叶墙板两侧适宜的外伸长度 | 190、240、290 | 对应于竖向连接段宽度 400、500、600 |
| 外叶墙板上下端企口高度 | 30～50 | 根据风、雨、雪等条件和建筑立面选择 |

**6** 对于不设外伸钢筋的双面叠合剪力墙，构件的外形尺寸应与建筑功能空间、结构布置相协调。其他可参照本章表 3.2.1-1～表 3.2.1-3。

【注释】

（1）预制剪力墙板尺寸标准化的可行性。高层住宅应根据模数网格开展协同设计，对建筑功能空间和室内装修的模数网格进行统一协调，通过在适宜的部位（如建筑墙体部品）设置模数中断区的方式，在建筑平面内进行整体的和各个层级的尺寸协调，使得建筑设计在满足基本需求的基础上，取得更大的使用适应性和灵活性。结构系统在整体布置上应充分考虑上述需求，宜充分利用外墙、内部功能较固定的部位设置竖向构件，保证一定数量的内纵墙和内横墙拉通（可以是在局部），并使内外墙、纵横墙具有良好的连续性及可靠的直接连接，这就为实现预制墙板构件尺寸的标准化应用建立了较为充分的条件。

（2）预制剪力墙板的厚度尺寸。在一般的高层住宅中，当采用剪力墙结构时，应优先选用较高混凝土强度等级的设计方案（建议为 C40～C60），墙体厚度尺寸为 200mm、250mm 即可满足要求；当采用框架—剪力墙（或框架—核心筒）结构时，部分墙体（如核心筒内的隔墙）也可以采用预制构件，墙体厚度一般取 200～400mm 即可。在预制构件的生产中，当截面厚度达到 200mm 时，基本可以满足成型钢筋的机械加工和直接拼装，实现提高生产效率、钢筋定位准确性和模具加工精确性等目标。预制墙板厚度的模数尺寸应用，还可以较好地配合在建筑墙体部品、室内装修等方面，推进落实各项设计标准化的工作。

（3）预制剪力墙板的长度尺寸。决定因素可包括构件重量限值、洞口尺寸和位置、构件连接部位和连接方式选择、建筑立面的要求、建筑功能空间及室内装修的要求等。

（4）预制剪力墙板的高度尺寸。在住宅中，采用剪力墙结构时常见的层高有 2.8m、2.9m、3.0m 等。决定预制墙板构件高度的因素包括：门窗洞口尺寸、结构楼板厚度、建筑地面做法高度、墙体两侧楼板是否存在降板及板顶标高、楼板与墙板构件的连接方式、生产和施工过程中采取的措施等。现阶段较为成熟的做法及便于实现设计标准化的基本原则有：

① 卫生间、厨房、阳台等尽量选择不降板的方案；板顶标高差在 30mm 以内时，在满足结构性能的前提下，可通过局部减小结构板厚的做法解决。

② 结构宜优先选择大开间、大进深的布置方案，楼板厚度满足表 3.2.4-1 的规定。

③ 建筑楼面宜采用干式做法，集成楼面隔振、保温（隔热）、管线、风道、支撑骨架、饰面等功能，并适度调节不同建筑功能空间的楼面高差。

④ 带门窗洞口的预制墙板，当洞口上下部位构件尺寸为 0～200mm 时，在生产、运输、吊装等过程应考虑设置必要的临时加强措施。

⑤ 表 3.2.1-1 中，预制墙板内门窗洞口的制作尺寸应大于表中的标志尺寸。

（5）剪力墙结构中构件配筋的标准化和优化应通过结构整体设计的方法实现，这是一个很重要的设计原则。预制剪力墙板配筋的标准化在预制构件生产和安装施工中具有重要意义。钢筋定位尺寸的标准化对生产模具的标准化、成型钢筋的加工与拼装、现场施工中保证钢筋定位的准确性与绑扎操作的简便性、构件顺利安装、钢筋灌浆连接的质量保障等均起到很大的作用，应当在设计中引起重视。

一般情况下，预制构件内钢筋的混凝土保护层厚度应适当加大一些，以充分发挥预制构件耐久性的优势，还可以更好地保证表观质量。

**3.2.2** 框架柱

**1** 矩形柱截面尺寸宜为 1M 的整数倍，可为 1M 的整数倍及其与 M/2 的组合，不宜小于 400mm，且不宜小于同方向梁宽的 1.5 倍。

**2** 柱内钢筋宜采用成型钢筋骨架，纵向受力钢筋的直径不宜小于 25mm，在满足国家现行相关标准的前提下，宜采用大直径钢筋，可集中于四角配置且宜对称布置。纵向受力钢筋间距不宜大于 200mm 且不应大于 400mm，优先尺寸宜为 100mm、150mm、200mm……，纵筋集中布置在角部时，钢筋净距及其连接做法应符合国家现行标准的要求。

**3** 柱内箍筋宜采用螺旋箍筋、焊接成型箍筋、一笔箍等。箍筋间距应为 100mm 的整数倍。

**4** 采用节点现浇的做法时，预制柱纵向钢筋定位应与预制梁下部钢筋定位相协调，并事先制定预制梁、节点核心区箍筋安装工序。在满足国家现行相关标准要求的前提下，节点区宜采用大直径箍筋，减少箍筋肢数。当采用复合箍筋时宜采用拉筋与外围箍筋组成的复合箍筋形式。

【注释】

框架结构在我国目前多采用多采用构件预制、节点现浇的做法。节点区域柱钢筋、梁钢筋位置交叉冲突是造成施工质量难以保证的最大问题。采用较大直径钢筋及较大的柱截面，可减少钢筋根数；增大钢筋间距，便于柱钢筋连接及节点区钢筋布置。

现行国家标准《装配式混凝土建筑技术标准》GB/T 51231 中对柱内纵向受力钢筋的间距限制有所调整，并提出可采用设置纵向辅助钢筋、加大箍筋直径的做法。当梁的纵筋和柱的纵筋在节点区位置有冲突时，柱可采用较大的纵筋直径及间距，并将钢筋集中布置在角部位置。当纵筋间距较大导致箍筋肢距不满足国家现行标准要求时，可在纵向受力钢筋之间设置辅助纵筋，并设置箍筋箍住辅助纵筋，可采用拉筋、菱形箍等形式，同时辅助纵筋可不伸入节点。

采用节点现浇做法时，由于节点区内钢筋多，且相互交叉，应在设计时注意考虑施工的可行性、方便性，深化设计阶段应深入考虑施工的工序，保证节点范围内钢筋和构件的顺利安装。现行国家标准《混凝土结构设计规范》GB 50010 提到对四边均有梁的中间节点，节点内可只设置沿周边的矩形箍筋。设计时应考虑在符合相关要求的前提下，减少箍筋的肢数。当采用复合箍筋时，采用拉筋与沿周边的箍筋复合，也可方便节点区箍筋的安装。

**3.2.3** 梁类构件

**1** 预制混凝土梁高度尺寸应与室内净空高度、楼面建筑做法厚度及吊顶高度等进行尺寸协调，框架梁高度、宽度和非框架梁高度尺寸宜采用 1M 的整数倍，可采用 1M 的整数倍及其与 M/2 的组合；非框架梁宽度尺寸宜采用 M/2 的整数倍；预制混凝土梁的尺寸宜符合表 3.2.3 的规定。

**预制混凝土梁优先尺寸**（mm）　　**表 3.2.3**

| 项目 | | 优先尺寸 |
|---|---|---|
| 框架梁 | 梁高 | 400、600、800…… |
| | 梁宽 | 300、400…… |
| 非框架梁 | 梁高 | 200、250、300、400…… |
| | 梁宽 | 150、200、250…… |

**2**　非框架梁宜采用铰接的连接方式。

【注释】

目前主次梁做法多为次梁钢筋锚入主梁中，在主梁预制时需要预先留槽，加大了主梁的生产、运输、施工难度。采用预应力楼盖等方式能够减少次梁设置时，宜尽量减少设置次梁。当设置次梁时，推荐采用铰接的方式，如企口连接或钢企口连接的形式。也可采用钢梁。

**3.2.4**　楼板类构件

**1**　结构楼（屋）盖尺寸应与室内净空高度、楼面建筑做法厚度及吊顶高度等进行尺寸协调。

**2**　楼板厚度宜采用表 3.2.4-1 中的优先尺寸。

**楼板厚度优先尺寸**（mm）　　**表 3.2.4-1**

| 项目 | 优先尺寸 |
|---|---|
| 楼板厚度 | 150、180、200、250 |

**3**　预制混凝土底板宜采用钢筋焊接网，钢筋间距宜为 M/2 的整数倍，尺寸宜符合表 3.2.4-2 的要求。存在外伸钢筋时，外伸钢筋的定位应与周边构件外伸钢筋的定位相协调。

**预制楼板钢筋间距优先尺寸**（mm）　　**表 3.2.4-2**

| 项目 | | 优先尺寸 |
|---|---|---|
| 预制底板钢筋焊接网 | 受力钢筋 | 100、150、200 |
| | 分布钢筋 | 200、250、300 |

【注释】

建筑空间净高度等于建筑层高减去结构楼板厚度、楼面建筑做法、吊顶高度，建筑空间净高度与内装部品、内装系统做法息息相关。为与内装系统进行协调，促进内装部品的规格尺寸模数化，建议楼板厚度与建筑做法厚度之和宜为 M/2 的整数倍数。

居住类建筑宜采用大开间、大进深的结构布置方案，楼板厚度应适当增加。从国外的实际情况来看，板厚一般都高于我国的要求，从建筑品质提升的角度来看提高板厚是非常有益的一项举措。

我国目前装配式混凝土建筑中多采用桁架钢筋混凝土叠合板，规定底板受力钢筋间距模数化，对提高预制混凝土底板的生产效率非常关键。桁架钢筋混凝土预制底板中桁架钢筋主要作用为提高预制底板在施工阶段的抗弯刚度，在实际受力分析中并未考虑，可不外伸。

现阶段桁架钢筋混凝土叠合板均设置了外伸钢筋，外伸钢筋的存在对底板的侧模影响很大（侧模上需要开设穿钢筋的孔洞），影响了生产效率、施工效率。根据国外经验，适度增加板厚、利用桁架钢筋调整配筋构造是可以取消预制底板外伸钢筋的有效措施。国内已经进行了大量研究，相关标准正在制订过程中。

**3.2.5** 预制楼梯

**1** 住宅中疏散楼梯可采用板式楼梯或梁式楼梯（图 3.2.5-1），常用规格尺寸见表 3.2.5。

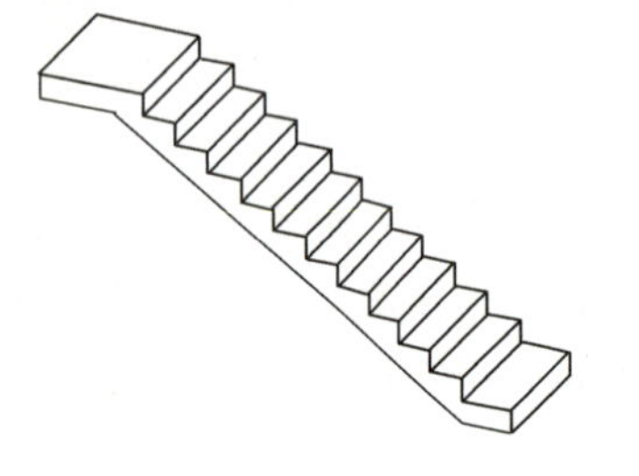

(a) 板式楼梯示意

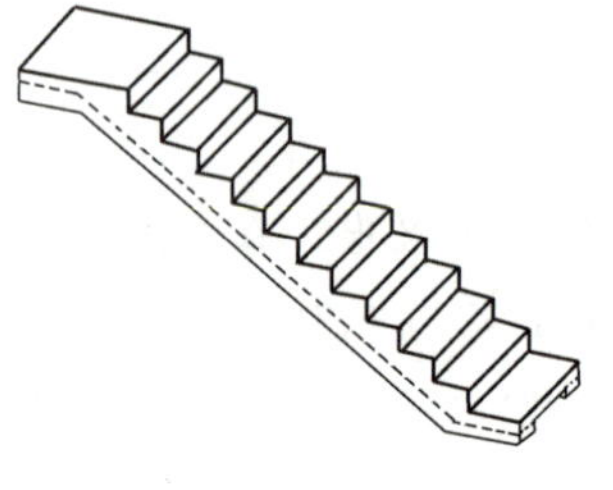

(b) 梁板式楼梯示意（一）

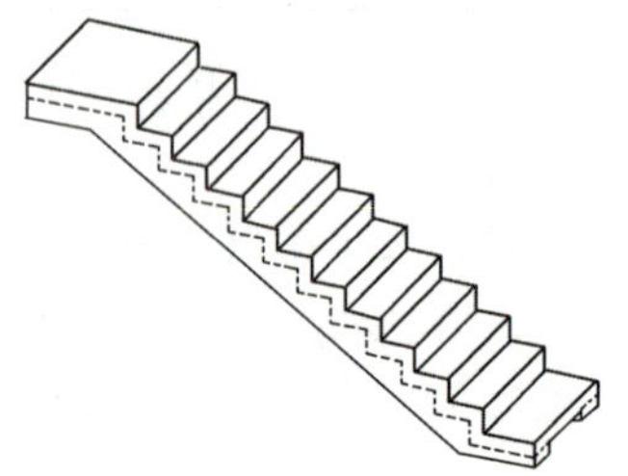

(c) 梁板式楼梯示意（二）

图 3.2.5-1 预制楼梯示意图

住宅中疏散用板式楼梯常用规格 表 3.2.5

| 层高（mm） | $H$（mm） | $L$（mm） | $B$（mm） | 踏步数（个） | $b_s$（mm） | $l_n$（mm） | $l_d$（mm） | $l_g$（mm） |
|---|---|---|---|---|---|---|---|---|
| 2800 | 1400 | ≥2620 | 1200 | 8 | 260 | 1820 | ≥400 | ≥400 |
| | 2800 | ≥4900 | 1200 | 16 | 260 | 3900 | ≥500 | ≥500 |
| 2900 | 1450 | ≥2880 | 1200 | 9 | 260 | 2080 | ≥400 | ≥400 |
| | 2900 | ≥5160 | 1200 | 17 | 260 | 4160 | ≥500 | ≥500 |
| 3000 | 1500 | ≥2880 | 1200 | 9 | 260 | 2080 | ≥400 | ≥400 |
| | 3000 | ≥5420 | 1200 | 18 | 260 | 4420 | ≥500 | ≥500 |

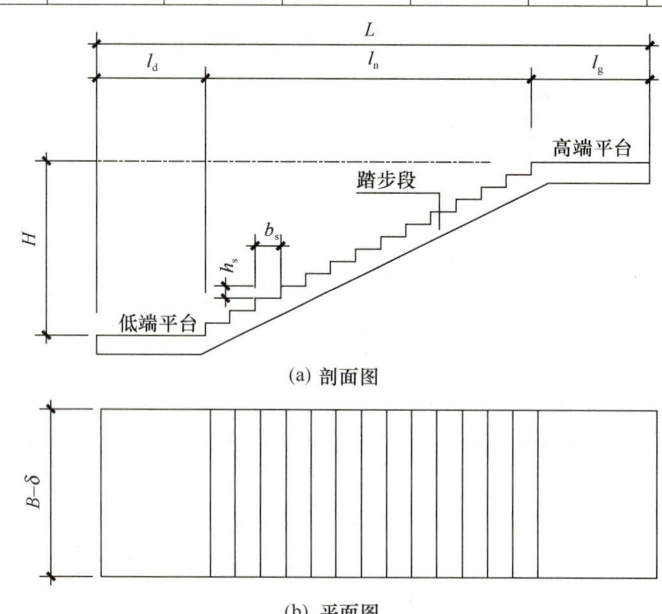


(a) 剖面图

(b) 平面图

说明：$B$——预制楼梯宽度；$\delta$——预留缝宽度；$L$——预制楼梯投影长度；$H$——踏步段高度；$l_n$——踏步段投影长度；$l_d$、$l_g$——低、高端平台段长度；$b_s$——踏步宽度；$h_s$——踏步高度（均分）。

2 预留缝宽度$\delta$应按相邻构件尺寸偏差、安装尺寸偏差协调的需求确定，并应考虑建筑楼梯间的布置方案。

【注释】

预制混凝土楼梯应结合楼梯周边构件的布置，设置构件的形式，例如双跑楼梯可结合楼梯平台的布置，采用两端带平台的梯板形式，使得整个楼梯间的工业化程度更高。

预留缝宽度$\delta$的确定需要考虑预制楼梯与周边构件的协调，如图 3.2.5-2 所示，预制混凝土梯段处于楼梯间剪力墙和防火隔墙之间，预制混凝土梯段与楼梯间剪力墙、防火隔墙之间均应设置预留缝，$\delta=\delta_1+\delta_2$。

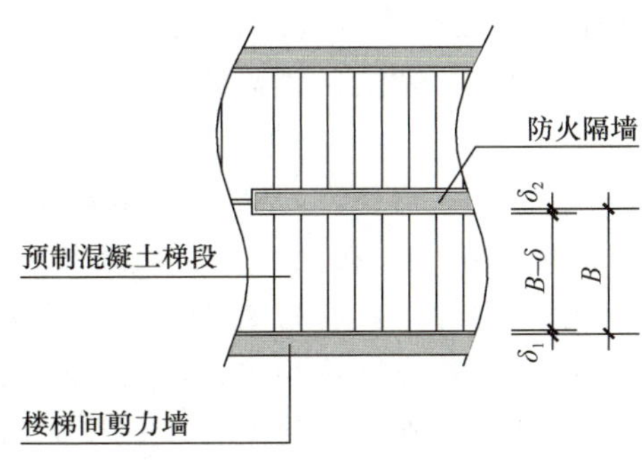


图 3.2.5-2 预制楼梯预留缝宽度$\delta$示意图

楼梯间剪力墙就位后，情况一：当先安装防火隔墙时，$\delta_1$、$\delta_2$值的确定需要考虑楼梯间剪力墙、防火隔墙的制作偏差、安装偏差，当$\delta_1$墙体为外墙时，还应考虑保温材料等相关材料铺设的厚度。所确定的$\delta$值尚应考虑楼梯本身的制作偏差，并应保证最终可能达到的最小缝宽，满足预制混凝土楼梯的安装。

情况二：当先安装预制混凝土梯段，最后安装防火隔墙时，$\delta$值的确定需要考虑楼梯间剪力墙的制作偏差、安装偏差，预制混凝土梯段的制作偏差、安装偏差，防火隔墙的制作偏差，还应保证防火隔墙安装的需求。

当对各项偏差值有足够的数据时，可以各类构件顺利安装的期望概率为目标，通过数理统计的方法，获得预期的$\delta$值。

## 3.3 通用技术要求

**3.3.1** 装配式混凝土结构的设计、施工和维护应使结构在规定的设计使用年限内，能够以规定的可靠度满足国家现行相关标准规定的各项性能要求。

【注释】

对于结构的可靠度要求，不论是装配式混凝土结构或现浇混凝土结构、钢结构等，均是一致的，均应符合现行国家标准《建筑结构可靠性设计统一标准》GB 50068 的要求。

《建筑结构可靠性设计统一标准》GB 50068 推荐建筑结构设计宜采用以概率论为基础、以分项系数表达的极限状态设计方法；装配式混凝土结构应针对持久设计状况、地震设计状况、短暂设计状况、偶然设计状况下的承载能力极限状态、正常使用极限状态进行设计，以满足结构的可靠性。

**3.3.2** 装配式混凝土结构应具备在施工和使用期间可能出现的各种荷载及作用下，包括重力、温度、风、地震、雪或者火灾等极端情况下，保持安全的能力。

【注释】

在不同的作用下，对于安全性的要求是不一样的，如在重力荷载下结构要保持完好，在不同烈度的地震作用下也有不同的要求，在火灾作用下有逃生时间的要求等。这些性能要求在我国标准规范中都有明确的规定；装配式混凝土结构应满足这些要求，并针对结构体系特点进行针对性的设计。

**3.3.3** 装配式混凝土结构应采取有效措施保证结构的整体性。装配式混凝土结构的整体性应注重结构构件之间的连接性能及其做法、楼盖体系传递水平作用的能力等。

【注释】

结构系统的整体工作性能，包括结构整体的刚度（沿结构高度的连续性、在承载能力过程的演化）、承载力、延性、变形能力、耗能能力、抗连续倒塌能力等。对于装配式混凝土结构，整体性更直接取决于结构构件之间的连接节点性能及其做法。

居住建筑中，由于我国目前采用剪力墙结构较多，也有框架结构、框架—剪力墙结构等形式。根据装配施工方法或者连接节点性能的不同，一般把装配式混凝土结构分为装配整体式混凝土结构和全装配式混凝土结构。

装配整体式混凝土结构在选用可靠钢筋连接技术的基础上，采用预制构件与后浇混凝土相结合的方法，通过合理的构造措施，将预制构件连接成一个整体。装配整体式混凝土结构构件和节点均具有与现浇混凝土结构近似的延性、承载力和耐久性能，结构整体达到与现浇混凝土结构等同的性能。构件之间一般采用后浇混凝土连接。其整体性主要体现在预制构件之间、预制构件与后浇混凝土之间的连接节点上，包括接缝混凝土粗糙面及键槽的处理，钢筋连接锚固技术，设置的各类附加钢筋、构造钢筋等。全装配式混凝土结构是指构件之间采用干式连接为主的方法形成整体结构，连接方法可能有螺栓连接、焊接等。全装配式混凝土结构性能指标同样应该符合相关标准的要求，不能低于现浇结构或者装配整体式混凝土结构，但是其结构的构成、传力途径、抵抗地震力的方式可能与现浇结构不同，设计方法也不同，其整体性主要体现在连接节点的做法上。

除抗侧力和竖向承重构件外，楼盖体系也对装配式混凝土结构整体性有较大影响。当楼板采用预制构件时，应通过合理的结构布置并采取适当的构造措施，加强结构的整体性和稳定性，并应满足以下要求：

（1）当楼板采用预制构件时，应通过板端和板侧间的连接构造，使预制楼板在平面内具有足够的刚度和可靠的整体性，以传递水平力和协调水平变形，保持结构整体性。

（2）当预制楼板平面开有较大洞口或预制楼板间的连接较弱导致平面内刚度较差时，计算模型中应按照实际情况考虑楼板的作用，并对预制楼板进行平面内的剪力和弯矩的计算分析。楼板的配筋构造设计中，尚应考虑洞口和节点部位的应力集中。

（3）预制楼板支承在梁或剪力墙上时，搁置长度应满足相关的要求；当不能满足搁置长度要求时，应采用带挑耳的支承梁，或在剪力墙上设置牛腿，或其他的可靠措施。

（4）预制楼板在设计中即使假定为简支支座，也应考虑预制构件可能产生的约束效应。

**3.3.4** 装配式混凝土结构宜按表 3.3.4 所示的流程进行结构性能化设计。

**结构性能化设计流程** **表 3.3.4**

| 环节 | 设计要点 |
|---|---|
| 连接节点 | (1) 确定连接技术的可靠性(包括钢筋连接和构件连接技术);<br>(2) 确定接缝节点的恢复力模型(承载能力、荷载与变形的演化关系) |
| 结构 | (3) 确定性能目标;<br>(4) 确定结构力学模型、分析模型 |
| 分析 | (5) 结构在各种设计状况下的内力、变形、损伤程度等分析 |
| 设计 | (6) 以性能目标指导设计 |

【注释】

对装配式混凝土结构，采用性能化的设计方法，可以更加灵活的进行结构设计，采用多样化的构件和连接做法，充分发挥装配式结构的特性。

在技术开发过程中如采用装配整体式混凝土结构，从整体性的角度，一般是验证其结构整体性能与现浇结构的一致性，并参照现浇结构的整体分析方法进行设计，但是也需要对节点构造进行适当加强。由于这种体系的开发和应用相对比较容易，因此国内目前的装配式混凝土住宅基本均采用装配整体式混凝土结构，包括装配整体式剪力墙结构、装配整体式框架结构等，具体的钢筋连接和节点连接构造方式可能有区别，但其性能要求和整体设计方法基本一致。

如果采用全装配式混凝土结构，从目前国内的情况来看，其开发和应用难度比较大。这是由于现有标准中的各项整体指标要求和设计方法主要是针对现浇混凝土结构的，对于“全装配式混凝土结构”不一定适用。因此，需要进行较多的研究工作，甚至还需要对某些相关基础理论进行补充研究，才能为此种结构体系确立一套完整的性能指标系统，以及对应的性能指标计算方法，并按照这些方法和指标进行设计。

装配式混凝土结构的分析计算模型应与预制构件之间节点和接缝的受力特性符合，节点和接缝的受力特性一般应根据试验研究和计算分析确定。确定计算模型后，根据性能目标的要求进行结构在各种工况下的内力和变形分析，必要时尚应进行塑性发展情况和损伤情况的分析。

由于预制构件在工厂生产时，在其养护的过程中已完成了大部分的收缩，这使得预制构件和在现场后浇的混凝土之间，后期的徐变和收缩值产生较大的差异。因此在必要时，应考虑此差异徐变及收缩应变给装配式混凝土结构的内力计算分析带来的影响。

对于将结构构件和非结构构件集成在一起的构件，如带有内隔墙的叠合梁、带有外围护墙的剪力墙等，应关注其非结构部分对主体结构计算模型的影响，同时还需要关注其结构部分与非结构部分的安全性。

**3.3.5** 装配整体式混凝土结构应进行防连续倒塌设计或采取防连续倒塌的措施。防连续倒塌设计时，可采取的措施包括减小偶然荷载作用的效应、布置可替代的传力途径、增强关键部位的承载能力和变形能力、增加结构冗余度等。

【注释】

偶然荷载包括爆炸、撞击、火灾等由于偶然出现的灾害引起的荷载，在这些荷载作用下，结构可能发生连续倒塌，应进行针对性的设计。对于装配整体式混凝土结构，其做法和性能更接近于现浇结构，通常采用设置连续构造钢筋、增加节点承载力等方式来提高结构的抗连续倒塌能力。对于全装配式混凝土结构，尤其是结构传力途径较单一的技术体系，必要时可通过计算方法来保证结构的抗连续倒塌能力。

**3.3.6** 对于混凝土预制构件，除应进行持久设计状况和地震设计状况的计算分析外，尚应重视短暂设计状况的计算分析。短暂设计状况主要包括：

**1** 预制构件脱模、翻转工况；

**2** 预应力施加工况；

**3** 在预制构件厂、施工现场的存储工况；

**4** 运输工况；

**5** 吊装工况；

**6** 预制叠合构件等后浇部位的混凝土浇筑工况；

**7** 其他工况等。

【注释】

在短暂设计状况下，应考虑构件的动载效应。当无法精确分析时可采用静载效应乘以一个合适的放大系数。短暂设计状况下，除应对构件的承载力、变形、裂缝等进行验算外，还应重视临时支撑、模板等的验算。

**3.3.7** 连接节点是保证装配式结构整体性能的重要部位，应采用成熟可靠的技术，设计时应对接缝承载力进行验算并采取可靠的构造措施，施工时应严格按照设计要求进行。装配整体式混凝土结构连接节点应符合表 3.3.7 的相关要求。

**装配整体式混凝土结构连接节点技术要点** **表 3.3.7**

| 要点 | 具体措施 |
|---|---|
| 接缝 | （1）宜设置露骨料的粗糙面或键槽，不应以较浅的压痕、花纹等代替粗糙面 |
| 钢筋连接 | （2）应选用成熟、可靠的技术并严格控制施工质量 |
| 装配整体式剪力墙结构节点 | （3）竖向缝应能可靠地传递剪力，后浇段内配筋应符合国家现行标准的规定；<br>（4）水平接缝应根据其具体构造验算承载力；<br>（5）在楼层（水平缝）处应设置混凝土后浇带，在顶层屋面板处应设置混凝土后浇圈梁 |
| 装配整体式混凝土框架结构 | （6）梁、柱，主梁以及主次梁之间的连接节点宜采用后浇混凝土连接成为整体，当有可靠、成熟的经验时，也可采用后张法预应力、螺栓连接等连接技术；<br>（7）叠合梁端的竖向接缝，以及预制柱底的水平接缝，应进行受剪承载力验算 |

【注释】

装配式结构中的节点和接缝，是保证预制构件之间传力途径清晰、受力明确、构造可靠的重要部位，一般应采用经过充分的力学性能试验研究、施工工艺试验和实际工程检验的节点做法。

节点和接缝的承载力、延性和耐久性等一般通过对构造、施工工艺等的严格要求来满足，同时应对接缝部位进行承载力的验算，计算公式应根据试验研究确定。在保证连接技术安全可靠的同时，尚应兼顾连接节点具有可靠的防水性能和气密性能。如果采用相关标准、图集中均未涉及的新型节点连接构造，应进行必要的研究及论证。

对于装配整体式混凝土结构，为保证整体性能，节点连接的关键是预制构件与后浇混凝土的接触面，以及钢筋连接和锚固技术。

（1）预制构件与后浇混凝土的接触面应设置粗糙面或键槽，两者各有利弊。采用粗糙面时，应露出骨料，才有好的结合效果，不应仅在构件的表面以较浅的压痕、花纹等来代替粗糙面。

（2）钢筋连接应选用成熟、可靠的技术并严格控制其施工质量。可选用的钢筋连接技术包括有：钢筋套筒灌浆连接、约束浆锚搭接连接、波纹管搭接连接、机械连接、搭接连接等。应根据工程的具体情况，谨慎选用。

① 钢筋套筒灌浆连接在国际上已有近50年的应用历史，经过大量的试验研究，也经受了多个国家和地区大量的大地震的考验，目前，许多国家不仅将其用于竖向钢筋的连接，还用于水平钢筋的连接，是一项成熟和安全的技术。我国已编有多项相关的产品标准和应用技术标准，目前有关控制其施工质量的标准也在编制中，标准体系已日趋完善，应严格执行。目前，国家现行标准中主要推荐了采用钢筋套筒灌浆连接技术，并给出了成套的技术要求和解决方案，涵盖产品、设计、生产、施工等全过程的技术要求。产品环节如灌浆套筒与灌浆料匹配性的要求，型式检验的要求等；设计环节如钢筋套筒及其配件在构件中的定位要求，保障施工操作的有效措施等；生产环节如保证钢筋套筒及其配件定位的有效措施，保证套筒通畅等成品保护的措施等；施工环节如保证下层钢筋定位的有效措施、界面处理的工艺、构件安装的要求、灌浆缝封堵工艺、灌浆设备及操作工艺、灌浆质量控制措施等，其中灌浆质量控制措施可采用L形透明管件（如灌浆套筒饱满度监测器）连接在出浆口处，起到监测灌浆过程、观察浆料饱满程度和补浆的作用。

② 在欧美国家，多将波纹管搭接连接用于预制柱和基础的连接。此时，由于基础的尺度一般大于预制柱的尺度，可以满足波纹管边缘至混凝土构件边缘的距离大于3in的要求（76.2mm，PCI手册的要求），以保证竖向构件的连接节点处，波纹管周边不会出现混凝土呈锥形破坏的脆性破坏状态。

③ 当竖向预制构件之间采用机械连接或搭接连接时，上下两个竖向预制构件之间的水平接缝一般需要留有较大的空间，以满足操作或钢筋搭接长度的要求。此时，水平接缝区域后浇混凝土的体积较大，应考虑后浇混凝土的收缩和徐变的影响；同时在施工中，应采取适当措施，排除在后浇混凝土浇筑过程中产生的气体，以防止后浇混凝土与上部竖向构件之间由于气体的存在产生空隙，这将会严重影响整个结构的受力状态。

（3）对于目前广泛应用的高层装配整体式剪力墙结构，连接节点还有以下要求：

① 预制墙板之间的垂直缝中设置后浇混凝土段，其配筋要求应符合现行国家抗震规范的规定；在预制墙板之间的水平缝中，在楼层处应设置混凝土后浇带，在顶层屋面板处应设置混凝土后浇圈梁。

② 预制剪力墙板之间的竖向接缝，应能可靠地传递剪力，宜优先选用抗剪键槽的做法；抗剪键槽的尺寸和间距等构造要求应符合现行相关标准的要求。当采用粗糙面时，对制作过程中产生的污水，应采用砂石分离、中水回用等手段，最大限度地控制其对环境产生的污染。

③ 预制剪力墙板之间的水平接缝，应根据其具体构造，验算水平接缝的承载力。此时，水平接缝除应能可靠地传递剪力外，尚应具有沿墙板平面内偏心受压或偏心受拉承载力（水平接缝处不希望出现偏心受拉工况），以及水平接缝的沿墙板出平面受压承载力。必要时，尚应计算局部承压承载力。当水平接缝刚度较高时，尚应计入后浇混凝土徐变和收缩的影响。相关计算公式及其参数应根据试验研究确定。

④ 当计算预制剪力墙板之间水平接缝沿墙板出平面方向受压承载力时，应计入水平接缝在竖向荷载和出平面水平荷载作用下产生的组合偏心距的影响。不同类型的墙板，如实心墙板或空心墙板，尚应根据试验研究分别确定其相关的计算公式及其相应的参数。

⑤ 剪力墙结构采用空心墙板时，其受压区面积，应根据截面面积及惯性矩等效的原则，折算为I字形截面。当空心墙板安装后，现场后浇灌混凝土填实空心墙板时，其折算截面应根据试验研究确定。

（4）对高层装配整体式混凝土框架结构，其梁、柱连接节点宜采用后浇混凝土将预制梁、预制柱（或现浇柱）连接成一个整体。当有可靠、成熟的经验时，也可采用后张法预应力、螺栓连接等连接技术。预制构件与后浇混凝土相连处的接缝，主要包括叠合梁端的竖向接缝，以及预制柱底的水平接缝，应进行受剪承载力验算。

**3.3.8** 预制夹心保温外墙除应进行持久设计状况和地震设计状况下墙板和连接节点的承载力设计，尚应进行保温拉结件在持久设计状况和短暂设计状况下的承载力和变形验算。

【注释】

预制夹心保温外墙的内、外叶板由保温拉结件连接时，应对保温拉结件的承载力和变形进行验算。另外，保温拉结件作为定型产品，应严格按照产品的企业标准或者使用说明进行设计和安装，保证其定位准确性、锚固的可靠性。

**3.3.9** 针对装配式混凝土结构构件及连接节点的特点进行耐久性设计，除应满足国家现行标准对混凝土结构有关耐久性的要求之外，尚应注意以下内容：

**1** 根据预制构件的质量和表面装饰做法，合理确定保护层厚度。

**2** 预制构件之间的连接节点、钢筋连接、预埋件连接等，在满足其结构受力、传力的要求外，应注意使其满足防火、防腐等要求。

**3** 在腐蚀环境或者寒冷条件等不利环境中，装配式混凝土结构构件及连接节点的耐久性要进行专门的研究。

# 4 外围护系统

## 4.1 一般规定

**4.1.1** 装配式混凝土建筑的外围护系统分为承重和非承重两类。在居住建筑中，承重类外围护系统属于结构系统，其性能尚应满足装配式混凝土建筑对外围护系统的性能要求，且承重类外围护系统的结构性能和物理性能可考虑结构部分的有利作用。本章仅包括非承重类外围护系统和承重类外围护系统的非结构系统部分。

【注释】

在我国的装配式混凝土建筑中，尤其是居住建筑，结构系统以装配式混凝土剪力墙结构、框架结构及框架—剪力墙结构为主。

当外墙采用剪力墙时，均以装配式混凝土的墙板类构件作为结构系统设计建造，其相关规定也属于结构系统部分。而结构系统的框架填充部分，均以非承重的填充墙进行设计建造。外墙围护系统中本章仅涉及承重类以外的外墙围护系统，包括非承重墙板外墙围护系统、幕墙系统，同时也包含承重类装配式混凝土的墙板类构件室外侧的装饰部分。

屋面围护系统中的屋盖也属于结构系统的重要组成部分，只有屋盖上方的防水和保温隔热构造，以及架空屋面构造，属于本章内容。

承重类外围护系统的构件，其性能不仅要满足作为结构系统的承载力等要求，还要满足作为外围护系统的各项性能要求，包括安全性、适用性和耐久性。

**4.1.2** 外围护系统技术体系的建立，应统筹设计、制作运输、安装施工及运营维护全过程，并应进行一体化协同设计。外围护系统技术体系应涵盖以下内容：

**1** 确定外围护系统的性能要求、模数协调要求。

**2** 明确外墙围护系统和屋面围护系统内各部品之间的连接做法，以及外围护系统与结构系统之间的连接做法。

**3** 建立与外围护系统各部品及其连接相匹配的计算模型、设计方法。

**4** 协调外围护系统与建筑空间布局、建筑外立面、内装系统、设备与管线系统之间关系，保证整体建筑的性能要求。

**5** 制定标准化的成套生产工艺，关键工序应可控；质量控制点应明确，过程检验、例行检验应具有可操作性；部品的包装、运输、贮存不应影响最终部品质量。

**6** 明确安装施工的工艺、工序要求，配套安装施工用设备设施机具，建立成套的施工技术方案与质量控制要求。

【注释】

在外围护系统部品生产环节，应配套研发生产技术，加强各环节的质量保证能力，需明确：

（1）所涉及原材料要求、所涉及采购的配套件性能要求。

（2）生产工艺、生产流程及生产质量控制的具体要求，并给出相应的质量检验方法。

（3）部品型式检验、出厂检验的要求。

（4）部品存放、运输及其成品保护的要求。

**4.1.3** 外墙围护系统按照部品内部构造分为预制混凝土外挂墙板系统、轻质混凝土墙板系统、骨架外墙板系统、幕墙系统四类。

【注释】

预制混凝土外挂墙板在居住建筑中应用量大、使用面广，由于其自重较大、安全性要求最高，设计和施工与其他三类有明显的区别。轻质混凝土墙板系统的连接构造与预制混凝土外挂墙板有类似之处，但其结构计算与预制混凝土外挂墙板相比要求较少；骨架外墙板系统、幕墙系统与预制混凝土外挂墙板系统和轻质混凝土墙板系统在部品内部构造设计时采用的原理均不同，所以按照部品内部构造分为四类。

**4.1.4** 外墙围护系统按照外观形式分为整间板系统和条板系统两类。

【注释】

外墙围护系统的外观形式主要以立面效果区分，预制混凝土外挂墙板可为整间板或条板，轻质混凝土墙板以条板为主，骨架外墙板可为整间板或条板，幕墙中的单元式幕墙多以类似条板为主。

**4.1.5** 居住建筑外围护系统应简洁、规整，并在遵循模数化、标准化原则的基础上，坚持“少规格、多组合”的要求，实现立面形式的多样化。外墙围护系统设计时应考虑外围护墙板与外门窗、阳台板、空调板等部品部件的相互关系。

【注释】

居住建筑的立面设计要充分利用工厂化工艺和装配条件，做到标准化设计，减少部品类型，提高部品的标准化程度，简化部品加工和现场施工。其中，预制混凝土外挂墙板通过模具浇筑成形，骨架外墙和幕墙通过多种材质组合，形成多种装饰效果。也可通过BIM技术进行相应的设计和多样化施工组合模拟，然后再进行实际工厂化生产和装配化施工，做到简洁有序、经济合理。

“少规格、多组合”的目的是实现建筑部品的通用性和互换性，使标准化、通用化的部品适用于各类常规建筑，满足各种要求。同时，大批量的规格化、定型化部品的生产质量稳定，可有效降低外墙围护系统的综合成本，提高施工安装的效率，应作为预制混凝土外挂墙板系统、轻质混凝土条板系统、骨架外墙板系统、幕墙系统设计时首要考虑的因素；模数尺寸不用放在首位考虑，必要时可与结构系统的模数尺寸进行充分协调，按照结构系统的模数网格确定外墙围护系统的模数尺寸。通用化部品所具有的互换能力，可促进市场的竞争和部品生产水平的提高。标准化系列部品可以有效地减少施工的工序和复杂性，同时在后期维修更换中也方便快捷。例如门窗选用集成化配套系列的门窗部品及其构造做法，有利于较好地满足外墙围护系统的防水性能和气密性要求。

**4.1.6** 外围护系统部品应综合其组成材料的性能，单独一个材料不应成为该部品性能的薄弱环节。

【注释】

例如：外墙板内侧与主体结构的间隙，封堵材料不应任意选择，应采用燃烧性能等级为A级的材料进行封堵，封堵构造的耐火极限不应低于外围护系统部品的耐火极限。封堵材料在耐火极限内不得开裂、脱落。

外围护系统的组成材料包括：

(1) 预制混凝土外挂墙板的钢筋、混凝土、保温材料、密封材料、连接固定材料等。

(2) 轻质混凝土墙板的轻质混凝土、钢筋网片、密封材料、连接固定材料等。

(3) 骨架外墙板的骨架、面板、基板、填充材料、密封材料、连接固定材料等。

(4) 幕墙的金属框架、面板、保温材料、密封材料、连接固定材料等。

**4.1.7** 外围护系统部品应成套供应，部品安装施工时采用的配套件也应明确其性能要求。

【注释】

以往在建筑工程中，选择外围护系统具体类型时，往往仅重视外围护系统主要部品的选择，常常忽视部品安装施工时采用的配套件，这就给安装施工和运营维护环节造成不利影响。外围护系统部品成套供应时，相匹配的配套件可有效保障部品的安装施工质量，保证装配式混凝土建筑满足并长期满足相应的性能指标。这就要求相关单位在选择、生产或安装部品时，满足成套供应条件。

**4.1.8** 外围护系统宜采用获得产品认证的工业化部品，获证的部品型号和认证依据应与装配式混凝土建筑工程实际情况相一致。

【注释】

认证是产品合格评定的方式之一，我国已将推行产品认证制度作为提高产品质量的重要手段。认证能指导使用者选购满意的产品，给生产制造者带来信誉，帮助生产企业建立健全有效的质量体系，在建筑工程领域是确保外围护系统质量、保障相关方利益的有效手段。加强产品认证的推行，可有效降低工程质量的不确定性，提升外围护系统的可靠程度。

## 4.2 标准化指导

**4.2.1** 整间板

**1** 整间板的高度与宽度应与建筑开间、层高尺寸相协调，并综合考虑建筑外立面、装修等特征，尺寸宜满足表4.2.1-1的模数化要求。

**整间板优先尺寸**（mm） **表4.2.1-1**

| 项目 | 优先尺寸范围 | 优先尺寸 |
|---|---|---|
| 厚度（混凝土类） | 100～200 | 100、120、150、180、200 |
| 宽度 | 1200～7200 | $B/3$、$B/2$、$B$ |
| 高度 | 2800～3000 | $H$ |

注：$B$为建筑开间尺寸，$H$为建筑层高；若预制混凝土外挂墙板为夹心保温墙板，整间板厚度单指内叶板厚度。

**2** 整间板接缝宽度的尺寸 $d$ 选用宜符合表 4.2.1-2 的规定。

**整间板接缝宽度 *d* 优先尺寸**（mm） **表 4.2.1-2**

| 项目 | 位置 | 优先尺寸范围 | 优先尺寸 |
|---|---|---|---|
| 混凝土类 | 水平缝、竖缝 | 15～35 | 20、30 |

### 4.2.2 条板

**1** 条板尺寸宜满足表 4.2.2-1 的模数化要求。可根据建筑外立面、装修等特征选择适宜的尺寸。

**条板优先尺寸**（mm） **表 4.2.2-1**

| 项目 | | 优先尺寸范围 | 优先尺寸 |
|---|---|---|---|
| 厚度<br>（混凝土及蒸压加气混凝土类） | | 60～300 | 90、100、120、150<br>180、200、250、300 |
| 宽度 | | 300～1500 | 600、900、1200 |
| 长度 | 横条板 | — | $B$、$B/2$ |
| | 竖条板 | — | $H$、$2H$ |

注：$B$ 为建筑开间尺寸，$H$ 为建筑层高。

**2** 条板板缝宽度尺寸 $d$ 选用宜符合表 4.2.2-2 的规定。

**条板接缝宽度 *d* 优先尺寸**（mm） **表 4.2.2-2**

| 项目 | 位置 | 优先尺寸范围 | 优先尺寸 |
|---|---|---|---|
| 轻质混凝土类 | 外墙板与基础、楼板交接部位、外墙板与墙柱梁交接部位、外墙板转角处竖缝 | 10～20 | 20 |
| | 外墙板与外墙板连接 | ≤5 | 5 |

【注释】

起初条板多应用在建筑室内隔墙中，按照不同的使用部位可分为分户墙、房间内隔墙、走廊隔墙、楼梯间隔墙等。随着技术的进步以及条板的研究不断深入，条板也开始应用于装配式建筑外围护系统中。

### 4.2.3 外门窗洞口

**1** 外门窗应采用标准化部品，外门窗洞口的优先尺寸宜符合表 4.2.3 的规定。当外墙围护系统采用条板时，门窗洞口的尺寸宜与条板尺寸相协调。

**外门窗洞口优先尺寸**（mm） **表 4.2.3**

| 项目 | | 优先尺寸 |
|---|---|---|
| 外门 | 宽度 | 900、1000、1200、1500、1800 |
| | 高度 | 2100、2200、2300、2400 |
| 外窗 | 宽度 | 600、900、1200、1500、1800、2100、2400 |
| | 高度 | 600、900、1200、1500、1800、2100、2400 |

2　外门窗的洞口标志尺寸应根据外门窗的安装基准面确定，且应符合下列规定：

1）洞口的墙体边缘线确定的洞口制作尺寸（构造尺寸）应大于洞口标志尺寸。

2）门窗制作尺寸（构造尺寸）应小于洞口标志尺寸。

3）室内侧洞口安装完成面的制作尺寸（构造尺寸）应小于门窗制作尺寸。

4）室外侧洞口安装完成面的制作尺寸（构造尺寸）为洞口构造尺寸与外墙装饰面层（含保温、防水层）的厚度之和，且掩口尺寸不应大于5mm。

5）当采用标准规格门窗的附框时，附框内口宽、高的制作尺寸（构造尺寸）应与门窗洞口的标志尺寸相同。

【注释】

建筑门窗洞口尺寸误差远大于建筑门窗加工精度，导致建筑门窗的实际安装位置在洞口定位存在较大偏差，造成安装后的建筑门窗性能下降，甚至影响到安全使用。对建筑门窗和洞口尺寸进行规范和协调，是实现建筑门窗标准化、工业化生产和确保安装质量的关键措施。

**4.2.4**　外窗用外遮阳部品

1　建筑外窗用外遮阳部品的长度和宽度尺寸应根据建筑外窗洞口尺寸确定，并应与建筑立面分格相协调。

2　建筑外窗用外遮阳部品的宽度尺寸与建筑外窗的宽度尺寸差宜为150mm、200mm、250mm、300mm、350mm、400mm。

**4.2.5**　外窗外侧窗台

外窗室外侧的窗台宜配置成品窗台板部品。

【注释】

设置室外成品窗台板可有效防止室外侧的雨水进入外墙板内部，保证外墙保温性能不降低。

**4.2.6**　屋面围护系统

1　屋面围护系统的模数网格应与外墙围护系统协调统一，宜与结构系统相协调。

2　屋面围护系统的尺寸应以满足防水、排水和保温、隔热功能为主，兼顾建筑装饰效果。

3　太阳能光伏系统和太阳能热水系统用集电、集热部品的设计安装位置及尺寸应与结构系统相协调。

## 4.3　通用技术要求

**4.3.1**　外围护系统应根据装配式混凝土建筑所在地区的地理位置、气候条件，以及高度、体型、使用功能和重要性程度、破坏所造成的影响等，综合确定其性能目标。

**4.3.2**　外围护系统应具备在自重、风荷载、地震作用、温度作用、偶然荷载等各种工况下保证安全的能力，并根据抗风性能、抗震性能、耐撞击性能要求合理选择组成材料、生产工艺和外围护系统部品内部构造。

【注释】

保证安全的能力主要指外围护系统的安全性能，其要求关系到人身安全的关键性能指标，对于外围护系统而言，应符合抗风压性能、抗震性能、耐撞击性能等几个方面的承载力要求。外墙板应采用弹性方法确定承载力与变形，并明确荷载及作用效应组合。

抗风性能中风荷载标准值应符合现行国家标准《建筑结构荷载规范》GB 50009 中有关外围护系统风荷载的规定，并可参照现行国家标准《建筑幕墙》GB/T 21086 的相关规定，并应结合建筑高度、体型系数、阵风系数及建筑所在地基本风压确定。$w_k$不应小于 $1kN/m^2$，同时应考虑偶遇阵风情况下的荷载效应。

抗震性能应满足现行行业标准《非结构构件抗震设计规范》JGJ 339 中的相关规定，当主体结构承受 50 年重现期风荷载或多遇地震作用标准值时，外墙板不得因层间变形而发生开裂、起鼓、零件脱落等损坏；当遭受相当于本地区抗震设防烈度的地震作用时，外墙板不应发生掉落。

耐撞击性能对于幕墙体系，可参照现行国家标准《建筑幕墙》GB/T 21086 中的相关规定，撞击能量最高为 900J，降落高度最高为 2m，试验次数不小于 10 次，同时试件的跨度及边界条件必须与实际工程相符。除幕墙体系外的外围护系统，应提高耐撞击的性能要求。外围护系统的室内外两侧装饰面，尤其是类似薄抹灰做法的外墙保温饰面层，还应明确抗冲击性能要求。

**4.3.3** 外围护系统部品中的预留预埋应满足相关专业要求，不得在安装完成后的外围护系统部品上进行剔凿沟槽、打孔开洞等。

**4.3.4** 外围护系统的连接节点应符合下列规定：

**1** 外围护系统的连接节点宜避开主体结构支承构件在地震作用下的塑性发展区域且不宜支承在主体结构耗能构件上。

**2** 外围护系统与主体结构的连接节点应满足持久设计状况和地震设计状况下的承载力验算要求；当采用预制混凝土外挂墙板等刚度、自重较大的外围护系统部品时，尚应满足持久设计状况和地震设计状况下的外围护系统与主体结构的变形能力要求。

【注释】

外围护系统与主体结构的连接节点应具有良好的承载能力及适应主体结构变形的能力。当外围护系统的部品自重较大，与主体结构连接节点发生破坏时的危害较大时，应适当提高连接节点在不同荷载和作用下的性能目标。

当外围护系统的部品不作为主体结构受力构件时，其与主体结构的连接节点应具有适应主体结构变形的能力，以确保受力明确，保证在不同荷载和作用下主体结构和外围护系统的安全。不同类型的外围护系统应设置不同的变形能力要求。针对面内刚度大、自重大的外围护系统部品，应设置较高的变形能力要求，反之则可以适当降低。但连接节点的变形能力不应低于主体结构和外围护系统在自重、风、温度等荷载和地震作用下的变形要求。当外围护系统部品自重大、面内刚度大，且与主体结构的连接节点缺乏延性时，连接节点的变形能力不宜低于主体结构在罕遇地震作用下的变形值。

为防止地震作用下外围护系统部品的脱落，有必要对其与主体结构的连接节点提出较高的性能目标。除剪力墙外，大部分外围护系统与主体结构的连接往往超静定次数低，缺乏良好的耗能机制，其破坏模式通常属于脆性破坏，为确保连接节点的安全性，应根据外围护系统的类别确定外围护系统连接件的性能目标，如预制混凝土外挂墙板，其自重较大，在地震作用下发生整体脱落的危害性要远大于传统外围护系统，应进行地震作用下连接节点的承载力计算。

**4.3.5** 外墙围护系统各部品内部及各部品之间的连接应符合下列规定：

**1** 外墙围护系统传力路径应清晰，安全可靠。

**2** 外墙围护系统各部品及其连接应满足持久设计状况下的承载能力、变形能力、裂缝宽度、接缝宽度要求，应满足短暂设计状况下的承载能力要求，并应满足地震设计状况下的接缝宽度和承载能力要求。

**3** 预制混凝土外挂墙板所采用的夹心保温墙板内外叶墙板之间的拉结件应满足持久设计状况下和短暂设计状况下承载能力极限状态的要求，并应满足罕遇地震作用下承载能力极限状态的要求。

**4** 装配式混凝土居住建筑的外墙板采用石材饰面时，宜采用反打成型工艺。

【注释】

面板在面内和面外应具有良好的承载能力，面板及其与框架的连接节点在自重、风荷载、地震作用下应满足承载能力极限状态的要求，不应出现破损等情况。面板在温度作用下不应出现影响使用功能的变形或裂缝。当外围护系统采用预制混凝土外挂墙板时，其墙板部品应能满足自重、风荷载和地震作用下的承载力要求。

当采用幕墙系统时，需设置框架。框架应在幕墙系统的面内和面外具有良好的承载能力和刚度，在自重、风荷载、地震和温度等作用下，幕墙系统的框架应满足承载能力极限状态要求，且其在面外的变形应能保证幕墙系统的正常使用和面板的安全性。

预制混凝土外挂墙板的拉结件受剪、抗弯、抗拉和锚固承载力等宜进行试验验证，并应满足设计要求。夹心保温墙板的拉结件在墙板内的锚固构造应满足受力要求，且锚固长度不应小于30mm。

**4.3.6** 非承重外围护系统应满足建筑的耐火要求，遇火灾时在一定时间内能够保持承载力及其自身稳定性，防止火势穿透和沿墙蔓延，且应满足以下要求：

**1** 外围护系统部品的各组成材料的防火性能满足要求，其连接构造也应满足防火的要求。

**2** 外围护系统与主体结构之间的接缝应采用防火封堵材料进行封堵，防火封堵部位的耐火极限不应低于楼板的耐火极限要求。

**3** 外围护系统部品之间的接缝应在室内侧采用防火封堵材料进行封堵，防止窜火。

**4** 外门窗洞口周边应采取防火构造措施。

**5** 外围护系统节点连接处的防火封堵措施不应降低节点连接件的承载力、耐久性，且不应影响节点的变形能力。

**6** 外围护系统与主体结构之间的接缝防火封堵材料应满足建筑隔声设计要求。

【注释】

外围护系统的防火性能应符合现行国家标准《建筑设计防火规范》GB 50016中的相

关规定，试验检测应符合现行国家标准《建筑构件耐火试验方法第1部分：通用要求》GB/T 9978.1、《建筑构件耐火试验方法第8部分：非承重垂直分隔构件的特殊要求》GB/T 9978.8的相关规定。

外围护系统与主体结构承重连接点处的节点连接件及预埋件的耐火极限不应低于主体结构支承梁或板的耐火极限。

**4.3.7** 外围护系统的物理性能应符合下列规定：

**1** 外围护系统的接缝设计应结合变形需求、水密气密等性能要求，构造应合理，方便施工、便于维护。

**2** 水密性能包括外围护系统中基层板的不透水性以及基层板、外墙板或屋面板接缝处的止水、排水性能。

**3** 气密性能主要为基层板、外墙板或屋面板接缝处的空气渗透性能。

**4** 外墙围护系统接缝应结合建筑物当地气候条件进行防排水设计。外墙围护系统应采用材料防水和构造防水相结合的防水构造，并应设置合理的排水构造。

**5** 外围护系统墙板类部品部件应具备一定的隔声性能，防止室外噪声的影响。外围护系统的隔声性能设计应根据建筑物的使用功能和环境条件，并与外门窗的隔声性能设计相结合。

**6** 外围护系统应结合不同地域的节能要求做好节能和保温隔热构造处理，在细部节点做法处理上应注意防止内部冷凝和热桥现象的出现。

**7** 外门窗及玻璃幕墙的内表面温度应高于水蒸气露点温度。

**8** 外围护系统饰面层的耐擦洗、耐沾污性能应根据设计使用年限及维护周期综合确定。

**9** 架空屋面应在屋顶有良好通风的环境中使用，其进风口宜设置在当地炎热季节最大频率风向的正压区，出风口宜设置在负压区。

【注释】

外围护系统应满足居住使用功能的基本要求。具体包括水密性能、气密性能、隔声性能、热工性能等。

对于建筑幕墙系统，水密性能应参照现行国家标准《建筑幕墙》GB/T 21086中的相关规定，气密性能应参照现行国家标准《建筑幕墙》GB/T 21086中的相关规定。

外围护系统的隔声性能应符合现行国家标准《民用建筑隔声设计规范》GB 50118的相关规定。

不同的气候条件和建筑节能要求，对外围护系统的选型影响较大。如在寒冷和严寒地区，通常选用无冷桥的外围护系统形式。

热工性能应符合国家现行标准《公共建筑节能设计标准》GB 50189、《严寒和寒冷地区居住建筑节能设计标准》JGJ 26、《夏热冬冷地区居住建筑节能设计标准》JGJ 134、《夏热冬暖地区居住建筑节能设计标准》JGJ 75的相关规定。

外围护系统的防排水设计包括防水设计和排水设计，防水设计主要包括构造防水和材料防水。其中，材料防水主要指接缝处的密封材料，构造防水主要包括接缝处空腔、企口、槽口等。在受热带风暴或台风袭击的地区，建议尽量采用两道材料防水以提高整体的防水性能。水平缝处，国外外围护系统主要采用内高外低的企口形式，这种企口形式对接缝的排水性能非常有利，因此推荐采用。

对于墙板的接缝处及门窗洞口等属于防水薄弱区，其防水措施的好坏将直接影响建筑的安全性、耐久性和适用性，故外墙板接缝（包括屋面女儿墙、阳台、勒脚等处的竖缝、水平缝、十字缝以及窗口处）必须进行处理，并根据不同部位接缝特点及当地风雨条件选用构造防水、材料防水或构造防水与材料防水相结合的做法。

良好的排水对于长期防水来说至关重要。排水构造应结合外围护系统的特点进行设计。

**4.3.8** 外围护系统的耐久性应符合下列规定：

**1** 居住建筑外围护系统主要部品及不易更换的部品的设计使用年限应与主体结构相同。

**2** 接缝密封材料应建立维护更新周期，维护更新周期应与其使用寿命相匹配。

**3** 饰面材料应根据设计维护周期的要求确定耐久年限。

**4** 面板材料及其最小厚度应满足耐久性的基本要求。

**5** 框架、主要支承结构及其与主体结构的连接节点的耐久性要求，应高于面板材料。

**6** 外围护系统与主体结构连接用节点连接件和预埋件应采取可靠的防腐蚀措施。

**7** 外围护系统应明确各组成部分、各配套部品的检修、保养、维护的技术方案。

【注释】

外围护系统部品的耐久性能满足要求是实现装配式混凝土建筑设计使用年限要求的必要条件，建筑物所处的使用环境会对外围护系统的选型产生影响。如部分建筑对外围护系统的耐久性能要求较高，或其使用环境的酸、盐等腐蚀特性较显著时，通常会采用预制混凝土外挂墙板等耐久性好、耐腐蚀性能强的外围护系统。

（1）装配式建筑由于采用工厂加工的预制构件作为外围护系统，在选材、加工制作、现场施工等方面可以达到更好的质量和更高的耐久性能，因此高耐久性也是装配式建筑的主要技术优势之一。在技术体系研发过程中应重点关注此性能及其实现方法。

框架、主要支承结构及其与主体结构的连接节点由于更换维护较困难，应提高其耐久性能，其设计使用年限应与主体结构相同。当采用预制混凝土外挂墙板等自重大、无法更换或较难更换的外围护系统时，其与主体结构的连接节点应与主体结构的设计使用年限相同。

（2）接缝密封材料主要起到密封和防水等作用，但由于材料自身性能的局限，一般无法做到与主体结构的设计使用年限相同，因此在使用阶段需对其进行维修和维护。

（3）当外围护系统的饰面材料当采用普通涂料或其他耐久性相对不高的材料时，在使用阶段应对其进行维修和维护，在具体选材和施工过程中，应尽量提高其耐久性能。当采用一些耐久性能良好的饰面材料（如面砖或石材等），且采用可靠的加工工艺（如面砖或石材在预制混凝土外挂墙板上反打成型）时，其耐久性能可与外围护系统的面板相同。

（4）节点连接件和预埋件应根据环境条件、使用要求、施工条件和维护管理条件等进行防腐蚀设计，并应符合国家现行标准《钢结构设计标准》GB 50017 和《建筑钢结构防腐蚀技术规程》JGJ/T 251 的有关规定。节点连接件和预埋件的防腐蚀保护层设计使用年限不宜低于 15 年。

**4.3.9** 外门窗及幕墙的性能要求应按表 4.3.9 的规定选用。

**外门窗及幕墙的性能选用表** **表 4.3.9**

| 分类 | 性能 | 外门 | 外窗 | 幕墙 | | |
|---|---|---|---|---|---|---|
| | | | | 透光 | 不透光 | |
| | | | | | 封闭式 | 开缝式 |
| 安全性 | 抗风压性能 | ◎ | ◎ | ◎ | ◎ | ◎ |
| | 层间变形性能 | ◎ | — | ◎ | ◎ | ◎ |
| | 耐撞击性能 | ◎ | ○ | ◎ | ◎ | ◎ |
| | 抗风携碎物冲击性能 | ○ | ○ | ○ | ○ | ○ |
| | 抗爆炸冲击波性能 | ○ | ○ | ○ | ○ | ○ |
| | 耐火完整性 | ○ | ○ | — | — | — |
| 适用性 | 气密性能 | ◎ | ◎ | ◎ | ◎ | — |
| | 保温性能 | ◎ | ◎ | ◎ | ◎ | — |
| | 遮阳性能 | ○ | ◎ | ◎ | — | — |
| | 启闭力 | ◎ | ◎ | ○ | — | — |
| | 水密性能 | ◎ | ◎ | ◎ | ◎ | ○ |
| | 空气声隔声性能 | ◎ | ◎ | ◎ | ○ | — |
| | 采光性能 | ○ | ◎ | ◎ | — | — |
| | 防沙尘性能 | ○ | ○ | ○ | — | — |
| | 耐垂直荷载性能 | ○ | ○ | — | — | — |
| | 抗静扭曲性能 | ○ | — | — | — | — |
| | 抗扭曲变形性能 | ○ | — | — | — | — |
| | 抗对角线变形性能 | ○ | — | — | — | — |
| | 抗大力关闭性能 | ○ | — | — | — | — |
| | 开启限位 | — | ○ | ○ | — | — |
| | 撑挡试验 | — | ○ | ○ | — | — |
| 耐久性 | 反复启闭性能 | ◎ | ◎ | ◎ | — | — |
| | 热循环性能 | — | — | ○ | ○ | — |

注："◎" 为必需性能，"○" 为选择性能，"—" 为不要求。

# 5 内 装 系 统

## 5.1 一 般 规 定

**5.1.1** 内装系统是装配式建筑的重要组成部分，应采用装配式内装的方式。装配式内装是一种以工厂化部品、装配式施工为主要特征的装修方式，其本质是以部品化的方式提升品质、提高效率，同时减少人工、节约资源能源消耗。

**5.1.2** 内装系统包含装配式墙面和隔墙、装配式吊顶、装配式楼地面、内门窗、集成式厨房、集成式卫生间、整体收纳以及套内管线。

【注释】

居住建筑的分户墙如是承重墙，应归入结构系统；如分户墙为非承重墙，根据项目情况一般归入内装系统。

居住建筑的内装系统应包含套内管线，公共空间内的管线、设备应归入居住建筑的设备与管线系统，如公共管井、配电箱和公共管线等。

**5.1.3** 内装系统应与设备与管线系统集成，实现内装和套内设备与管线维护、改造时无需破坏结构系统的目标。

【注释】

套内管线从结构系统中分离，可改变套内管线维护和改造不便的现状，在后期的维护改造中可以不破坏主体结构，使居住建筑能够随着住户的需求和科技的发展变化进行维护和改造。

**5.1.4** 内装设计应在建筑设计的统筹下，与建筑设计同步协同进行，宜采用建筑信息模型（BIM）技术与结构系统、外围护系统及设备与管线系统进行一体化集成设计。

【注释】

在建筑方案设计时应综合考虑内装系统与相关专业设计的协同关系。项目开展时应进行技术策划，统筹项目需求、技术选择、建设条件与成本控制要求，统筹考虑室内装修的施工建造、维护使用和改扩建需要，采用适宜、有效的装配化集成技术。

**5.1.5** 内装部品选型应在建筑设计阶段确定，并应根据部品的规格尺寸协同各专业进行方案设计和深化。

**5.1.6** 内装部品的选型应在满足国家现行标准规定的基础上，优选环保性能优、装配化程度高、通用化程度高、维护更换便捷的优良部品。

**5.1.7** 内装部品的接口设计应做到连接合理，拆装方便，使用可靠。优选集成化部品，减少外部接口，简化设计和施工。

【注释】

内装部品之间的接口宜采用可拆卸的构造，方便进行部品部件的更换。

宜优选集成化部品，集成化部品的集成程度高、功能复杂，零部件之间的内部接口已进行过合理论证，所有零部件成套供应。在项目设计时，仅需要对集成化部品总体的尺寸条件、规格和构造连接等条件进行考虑，可简化设计和施工。

**5.1.8** 内装系统在条件具备时可穿插施工，提升施工速度，缩短项目工期。

【注释】

穿插施工即内装的施工可在主体结构工程部分完成后进行，而无需结构全部封顶后进行，可提升工程效率，缩短工期。

进行穿插施工安装前应编制各类专项施工方案，制订合理的施工进度计划。

**5.1.9** 内装系统应根据项目特点制定科学的施工工序，并做好成品保护工作。

【注释】

在内装施工前制定标准化施工流程，优化施工工序，是保证施工质量和效率的重要一环。在施工时应首先以完成面为目标进行定位和放线，应优先保证卫生间、厨房的安装尺寸。

内装的现场施工人员应为经过培训的专业施工工人。

**5.1.10** 内装系统宜采用获得产品认证的工业化部品。

## 5.2 标 准 化 指 导

**5.2.1** 内装的模数协调

**1** 内装设计应遵循模数协调的原则。

**2** 内装系统的隔墙、固定橱柜、设备、管井等部品部件，其尺寸不到1m的宜采用分模数M/2的整数倍；尺寸大于1m的宜优先选用1M的整数倍。

**3** 内装系统的构造节点和部品部件接口等宜采用分模数M/2、M/5、M/10。

**4** 内装部品部件的定位可通过设置模数网格来控制。

**5** 内装部品部件的定位宜采用界面定位法。

**6** 内装集成设计和部品选型应按照标准化、模数化、通用化的要求，实现内装系列化和多样化。

**7** 内装部品接口的位置和尺寸应符合模数协调的要求，采用标准化的接口。

**5.2.2** 内装系统与其他系统的协调

**1** 结构系统的设计和建造应考虑内装的需求，宜采用大开间、大进深的结构形式。

**2** 采用局部结构降板进行同层排水时，应在设计之初结合项目的特征，合理确定降板的位置和高度。

**3** 内装系统的施工应与结构系统明确施工界面。

**4** 在设计中应综合考虑内装系统与外围护系统的划分和接口。

**5** 内装设计应与结构系统和外围护系统相关构件的深化设计紧密配合，在设计阶段应明确构件的开洞尺寸及定位位置，并提前做好连接件的预留预埋，需考虑的预留预埋可参照表 5.2.2。

**与内装系统配合的构件需考虑的预留预埋** **表 5.2.2**

| 部位 | 项　目 |
|---|---|
| 墙体 | （1）内装连接需要的埋件；<br>（2）预留厨房排烟管出口风帽、厨房止回风口；<br>（3）卫生间止回风口；<br>（4）空调交换机管道孔、空气净化机管道孔；<br>（5）预留给水管、同层排水横支管、同层排水坐便器的孔洞等 |
| 楼板 | （6）预留内装连接需要的埋件；<br>（7）楼板应根据设计需求和定位预留排水管出口；<br>（8）预制楼板底部预埋热水器吊挂螺栓装置、预制楼板底部预埋中央空调主机吊挂螺栓装置等情况需要考虑预埋加固点 |

【注释】

大开间、大进深的结构形式有利于内装系统划分室内空间创造条件，同时也有利于未来的空间自由更改。

需要综合考虑保温层是采用内保温还是外保温，排烟方式是采用烟道排烟还是直排等因素，同时协调开窗、设备外机的尺寸和位置，核算窗地比等指标。

**5.2.3** 装配式墙面和隔墙

**1** 墙面和隔墙系统集成了支撑构造、填充构造和饰面层，包含与外墙及分户墙结合的贴面墙和室内隔墙以及相应部位的管线和设备。

**2** 墙面可采用架空方式（图 5.2.3），用螺栓或龙骨等形成空腔，满足墙面管线分离和调平要求，在管线设备集中的部位宜设检修口。

图 5.2.3 架空墙面的螺栓和管线示意图

**3** 隔墙的主要形式有龙骨类和条板类，应根据项目的隔声、防火、抗震等性能要求以及管线、设备设施安装的需要明确隔墙厚度和构造方式。

**4** 隔墙的宽度尺寸宜为 1M 的整数倍，厚度尺寸宜为分模数 M/10 的整数倍，分户墙的优先尺寸宜为 200mm，内隔墙的优先尺寸宜为100mm。

**5** 墙面的厚度尺寸应考虑标准化要求和构造需求，如免架空调平需求、收纳管线需求、设备集成需求等。

**6** 墙面和隔墙应与结构系统有可靠连接，应具备防火、防水、耐冲击等性能要求，应在吊挂空调等设备或画框等装饰品的部位设置加强板或采取其他可靠加固措施。

**7** 墙面和隔墙应采取相应的构造措施满足不同功能房间的隔声要求。墙板接缝处应进行密封处理。

**8** 墙面和隔墙所用的墙板饰面应符合不同室内空间要求的功能及效果表达。墙面和隔墙宜采用饰面与基层一体化的解决方案。

【注释】

对于龙骨类隔墙，应明确各种龙骨的材质、规格型号，龙骨布置应满足墙体强度的要求，门窗洞口、墙体转角连接处等部位应加设龙骨进行加强处理。

对于条板类隔墙，60mm 及以下厚度的条板不得单独用作隔墙使用。当条板隔墙需吊挂重物和设备时，不得单点固定，并在设计时应考虑采取加固措施，两点的固定点间距应大于 300mm。

墙面架空空间可设置开关线盒，铺设强电线、弱电线等，应在满足需求的基础上尽量少占用室内空间。

一体化墙板将满足功能与效果的饰面与基板进行集成，可快速组合安装，提高效率。

**5.2.4** 装配式吊顶

**1** 吊顶（图 5.2.4）的架空空腔内可铺设管线、安装灯具等，以方便维护和更换相应的管线和设备。可根据需求设置全屋吊顶或局部吊顶。

图 5.2.4 架空吊顶示意图

**2** 吊顶的平面尺寸应与功能空间的模数网格相协调；高度尺寸应在满足设备与管线正常安装和使用的同时，保证功能空间的室内净高最大化。吊顶可集成的有电气管线、给水排水管、排烟管、新风空调管线等。

**3** 按照龙骨材料的不同分类，常用的两种吊顶为轻钢龙骨吊顶与木龙骨吊顶。

【注释】

钢龙骨防火、防潮、防霉，强度高不易变形，大面积平顶时施工速度快。缺点是无法做出较复杂的造型。木龙骨骨架易受潮变形，导致面板开裂，另外不防火防蛀，但是易切割，好加工，适于比较复杂的造型或者小面积吊顶。

**5.2.5** 装配式楼地面

**1** 楼地面系统采用架空地板系统时（图 5.2.5），架空空间可以敷设管线，在有供暖要求时，可采用干式地暖地面系统。

**2** 楼地面系统的架空空腔高度应根据集成的管线种类、管径尺寸、敷设路径、设置坡度等因素确定，完成面的高度除与架空空腔高度和楼地面的支撑层、饰面层厚度有关外，尚取决于是否集成了地暖以及所集成的地暖产品的规格种类。

图 5.2.5 架空地面示意图

**3** 楼地面应和设备与管线进行协同设计，并在需要的地方设置检修口。

**4** 楼地面应满足承载力的要求，并应满足耐磨性、抗污染、易清洁、耐腐蚀、防火、防静电等性能要求。厨房、卫生间等房间的楼地面材料和构造还应满足防水、防滑的性能要求。

**5.2.6** 内门窗

**1** 内门窗由套装门窗、集成门窗套、集成垭口组成。

**2** 内门窗洞口宜为1M的整数倍，各功能空间内门洞口的优先尺寸可按表5.2.6采用。

**各功能空间内门洞口的优先尺寸**（mm） **表5.2.6**

| 项　　目 | 优先尺寸 |
|---|---|
| 起居室（厅）门洞口宽度 | 900 |
| 卧室门洞口宽度 | 900 |
| 厨房门洞口宽度 | 800、900 |
| 卫生间门洞口宽度 | 700、800 |
| 考虑无障碍设计的门洞口宽度 | 1000 |
| 门洞口高度 | 2100、2200 |

**3** 内门窗部品的选用应满足防火、隔声等性能要求，门窗部品收口部位宜采用工厂化门窗套。

**5.2.7** 集成式厨房

**1** 集成式厨房是由工厂生产的楼地面、吊顶、墙面、橱柜和厨房设备及管线等集成，并主要采用干式工法装配而成的厨房。

**2** 集成式厨房应与居住建筑套型设计紧密结合，在设计阶段即应进行产品选型，确定产品的型号和尺寸。

**3** 应预留集成式厨房的安装空间。应在与给水排水、电气等系统预留的接口连接处设置检修口。

**4** 集成式厨房应合理设置洗涤池、灶具、操作台、排油烟机等设施，并预留厨房设施的位置和接口。

**5** 集成式厨房墙板、顶板、地板宜采用模块化形式，实现快速组合安装，如需设置橱柜、电器等设备时，在架空墙面须预留加固板。

**6** 集成式厨房的橱柜宜符合表5.2.7规定的优先尺寸。

**橱柜的优先尺寸**（mm） **表5.2.7**

| 项　　目 | 优先尺寸 |
|---|---|
| 地柜台面的完成面高度 | 800、850、900 |
| 地柜台面的完成面深度 | 550、600、650 |
| 地柜台面与吊柜底面的净空尺寸 | 不宜小于700，且不宜大于800 |
| 辅助台面的高度 | 800、850、900 |
| 吊柜的深度 | 300、350 |
| 吊柜的高度 | 700、750、800 |
| 洗涤池与灶台之间的操作区域 | 有效长度不宜小于600 |

7 集成式厨房门窗位置、尺寸和开启方式不应妨碍厨房橱柜、设备设施的安装和使用。

【注释】

厨房是居住建筑中管线集中、容易出问题的部分之一，需要进行重点设计。在套型设计时应对集成式厨房进行产品选型，在施工中应优先保证集成式厨房的标准化空间。

集成式厨房的墙板、地板和顶板宜采用大板，方便安装和对缝，板缝应采用密闭性处理，防止蒸汽进入墙体。

**5.2.8** 集成式卫生间

1 集成式卫生间是指由工厂生产的楼地面、墙面（板）、吊顶和洁具设备及管线等集成并主要采用干式工法装配而成的卫生间。

2 整体卫浴是集成式卫生间的一种类型，以防水底盘、墙板、顶盖构成整体框架，结构独立，配上各种功能洁具形成的独立卫生单元。在具备现场条件时推荐优先选用整体卫浴。

3 集成式卫生间应与居住建筑套型设计紧密结合，在套型设计阶段应进行产品选型，确定产品的型号和尺寸。

4 应预留集成式卫生间的安装空间，应在与给水排水、电气等系统预留的接口连接处设置检修口。

5 集成式卫生间宜采用干湿分离的布置方式。

6 集成式卫生间应保证防水性能。宜采用干式防水底盘；防水底盘的固定安装不应破坏结构防水层；防水底盘与壁板、壁板与壁板之间应有可靠连接，并保证水密性。

【注释】

集成式卫生间充分考虑了卫生间空间的多样组合或分隔，包括多器具的集成式卫生间产品和仅有洗面、洗浴或便溺等单一功能模块的集成式卫生间产品。

卫生间功能复杂，涉及大量的管线设备，在施工中应优先保证集成式卫生间的标准化空间。

**5.2.9** 整体收纳

1 整体收纳是由工厂生产、现场装配、满足储藏需求的模块化部品。

2 整体收纳的外部尺寸应结合居住建筑使用要求合理设计。

3 收纳空间长度及宽度净尺寸宜为分模数 M/2 的整数倍。

【注释】

整体收纳是工厂生产、现场装配、模块化集成收纳产品的统称，配置门扇、五金件和隔板等。通常设置在入户门厅、起居室（厅）、卧室、厨房、卫生间和阳台等功能空间部位。

## 5.3 通用技术要求

**5.3.1** 内装系统应考虑抗震安全，且应采取有效措施防止地震发生时内装部品倒塌。

【注释】

如设置隔震垫、采取有效的固定措施、吊挂措施等。

**5.3.2** 内装系统应考虑防火要求，选用耐火性能符合要求的内装部品。厨房的顶棚、墙面、地面均应采用A级装修材料。

**5.3.3** 内装系统的部品和设备安装时，不应破坏其他系统的完整性、稳定性和安全性。

**5.3.4** 内装系统应采用环保的部品及材料，并保证施工环境绿色及安全。

【注释】

内装部品应满足低有害物质释放的要求，部品选型时优选采用无胶原材、无胶制造工艺、无胶装配工艺的无胶部品。施工现场应少加工、少粉尘、少噪声、少垃圾。

**5.3.5** 内装系统应通过合理的设计和施工实现居住的安全性和长期优良性。

【注释】

在卫生间、厨房等有防水、防滑要求的功能空间应采取相应的材料、构造和产品措施，宜采用无障碍设计。

居住建筑内装系统应优选品质优良的内装部品，并通过合理的构造连接保证系统的耐用性；以寿命短的部品更换时不损伤寿命长的部品为原则，将部品进行合理集成，可以通过定期的维护和更换，实现住宅的长期适用和优良品质。

**5.3.6** 居住建筑内装设计应考虑美观，紧密结合居住建筑室内空间设计，合理搭配颜色、材料质感，营造美观舒适的室内环境。

# 6 设备与管线系统

## 6.1 一 般 规 定

**6.1.1** 设备与管线系统应遵循一体化集成建造理念，贯穿于规划设计、部品部件生产加工、施工安装、运行维护各环节。

【注释】

装配式建筑作为建筑工业化的重要抓手，其核心是建造方式的重大变革，以建筑空间的标准化、模数化为基础，以装配式建筑结构、外围护、内装、设备与管线各系统的一体化集成建造及部品部件标准化为原则。设备管线作为装配式建筑的重要组成部分，应在建造全过程中贯彻这一理念。由于设备管线本身具备标准化设计、工厂化生产、装配化施工等特征，因此，应从装配式建筑对设备与管线系统的需求出发，发展完善适用于装配式建筑的高品质要求及工业化建造方式的技术体系。

**6.1.2** 在策划与设计阶段，应根据装配式混凝土居住建筑特点，结合项目实际情况，策划设备与管线系统的实施技术路线。与建筑、结构、装修一体化设计，优先选用符合模数的标准化部品，与结构、外围护、内装各系统以及部品部件的生产、运输、安装等各环节相互协调。应考虑建筑全寿命期的安装、维护和更新，实现居住建筑安全耐久、健康舒适、资源节约。

【注释】

装配式建筑是建筑绿色可持续发展的重要途径，应将绿色理念贯穿于装配式建筑设备与管线系统的发展中，应践行安全适用、技术先进、经济合理、绿色节能、保护环境的理念，满足建筑的低碳化及人性化需求。装配式建筑设备与管线应采用适用于装配式建筑的机电设备技术及产品，使之能够更好地发挥装配式建筑的优势。应特别重视技术路线及系统方案的确定以及部品部件的选择，以满足建筑空间需求和与结构构件、外围护墙体、外门窗、屋面系统、室内地面系统、吊顶系统、内隔墙系统、集成式厨房卫生间等部位的接口要求，并应根据不同部位使用寿命及使用功能，采取适宜的设备与管线策略，采用标准化接口，实现建筑部品构件的通用性。接口的尺寸精度应满足工业化要求。

**6.1.3** 设备与管线系统宜与主体结构相分离，应方便维修更换，且在维修更换时应不影响主体结构安全。

【注释】

由于设备管线本身使用寿命及建筑功能改变等原因，在建筑全寿命期内需要对设备管线进行多次维修和更换。为了不影响建筑的使用寿命及功能，做出此规定。

6.1.4 设备与管线系统宜采用集成技术，通过综合设计及管线集成，提高设备与管线系统的集成度。

【注释】

设备管线设计应重视管线综合设计，在满足建筑给水排水、消防、燃气、供暖、通风和空气调节设施、照明供电等机电各系统使用功能的前提下，设备与竖向管线应尽量集中布置，水平管线的排布及走位应充分考虑减少各工种之间的交叉和干扰，应采用集成管道井、模块化设备等，并应满足安全运行、维修更换的要求。

6.1.5 设备与管线系统应结合 BIM 技术进行协同设计，利用信息化技术手段实现各专业间的协同配合，将设计信息与部品部件的生产运输、施工安装和运营维护等环节有效衔接。

【注释】

BIM 技术的特性主要包括可视化、协调性、模拟性、优化性和可出图性。其可视化纠错能力直观、实用，这使得施工过程中遇到的问题可以提前至设计阶段纠正和处理，这样能节约成本和工期。通过 BIM 技术可以协调施工过程中出现的诸如结构与管线碰撞、不同专业间管线与设备碰撞、与位置重叠等问题，充分体现出该技术的协调性。同时，BIM 技术也可使设计选型与设备管线部品部件的生产加工进行贯通，与无线射频技术的结合也可实现设备管线信息的可追溯，进而实现建筑全寿命期的信息化管理。

6.1.6 应优先选用绿色环保的，适用于装配式建筑的新材料、新技术、新工艺、新设备。应选用耐腐蚀、使用寿命长、降噪性能好、便于安装及更换的管材、管件，以及高性能的阀门设备。

6.1.7 设备与管线系统宜采用获得安全、绿色等方面产品认证的工业化部品。

## 6.2 标准化指导

6.2.1 标准化原则

1 设备选型及管线设计应在满足使用功能前提下，实现标准化、系列化、模块化，设备管线系统的部品部件应采用标准化、系列化尺寸，满足通用性及互换性要求。

2 设备与管线设计应符合模数协调要求，便于装配式建筑的部品部件进行工业化生产和装配。

3 设备与管线的定位应采用界面定位法。

4 设备与管线系统应采用一体化设计，设计时应遵循尽量减少在预制构件内预留预埋的原则。如因条件所限需要预埋时，设备与管线设计应提供给预制构件准确的预埋预留洞或开槽尺寸、定位，避免后期对预制构件凿剔沟槽、孔洞等。

【注释】

模数协调是装配式建筑的基本原则，设备与管线设计应遵循此原则。在进行专业设计时兼顾建筑模数的因素，减少设备管线对建筑部品部件的标准化程度提升的影响。

当装配式建筑的主体结构、装饰面确定时，采用界面定位法更容易控制空间的相对尺寸，方便确定设备与管线的空间定位。管线可标注管线中心，双线管线时可标注管线外表面，基准尺寸应为主体结构面、装饰面。

设备及管线减少在预制构件内的预留预埋，可提高预制构件的标准化程度，简化生产流程，提高预制构件的使用效率。当需要预留预埋时，也应遵守结构设计模数网格，可以减少预留预埋对结构钢筋和受力的影响，提高预留预埋的有效性。预制构件深化图纸应包括预制构件上需预留预埋的孔洞、套管、管槽及预埋件等。预留预埋应在预制构件厂内完成，并进行质量验收。

**6.2.2** 空间使用

**1** 设备机房、管道井、竖向及水平管道空间使用应与建筑空间相协调。

**2** 水泵、水箱、空调机组、配电柜等机电部品应优先选用符合工业化尺寸模数的标准化产品并满足自身功能要求，应留有一定的操作空间和维护空间。

**3** 给水总立管、雨水立管、消防立管、供暖、电气智能化干线（管）、公共功能的阀门、计量设备和电气设备以及用于总体调节和检修的部件，均应统一集中设置在居住建筑公共部位。

**4** 当管道井门前空间作为检修空间使用时，管道井进深可为300～500mm，宽度根据管道数量和布置方式确定。公共管道井的优先尺寸宜根据表6.2.2选用。

**公共管道井的优先尺寸**（mm） **表6.2.2**

| 项　目 | 优先尺寸 |
| --- | --- |
| 宽度 | 400、500、600、800、900、1000、1200、1500、1800、2100 |
| 深度 | 300、350、400、450、500、600、800、1000、1200 |

**5** 管线布置在本层吊顶空间、架空地板下空间、装饰夹层内时，管线定位尺寸应结合空间尺寸确定，并宜采用分模数M/5的整数倍。

**6** 当给水、供暖水平管线暗敷于本层地面的垫层、电气水平管线暗敷于结构楼板叠合层中时，管线定位尺寸宜采用分模数M/10的整数倍。

【注释】

住宅公共功能的设备机房，如消防水泵房、生活水泵房、热交换间、变配电间、水电管道竖井、通风竖井、水平管道、通风管道、电缆桥架等，所占用的空间应尽量与建筑空间模数相协调，并应满足自身功能，其操作面应留有一定的操作空间和维护空间。

住宅公共功能的机电设备，如空调机组、消防设备、太阳能热水器、配电箱、配电柜、接线柜、仪表、阀门、各种计量表等，应尽量与建筑空间模数相协调，并预留检修空间。

如空调室外机应设置在预制混凝土空调板或平台上，室外机后侧进风空间应不小于150mm，室外机两侧及前侧空间应不小于100mm；电热水器、太阳能热水器贮水箱侧面距墙不小于100mm。

设备应有检修空间，配电箱前的操作空间不应小于800mm，其他设备的检修空间不应小于500mm。

管井敷设、架空敷设的管线尺寸模数，为满足建筑空间尺寸和安装空间需求，宜采用分模数 M/5 的整数倍。

垫层暗埋敷设的管线有时数量较多，需要在较小空间内精确定位，节点大样排布尺寸模数宜采用分模数 M/10 的整数倍。

**6.2.3** 接口标准化

**1** 设备与管线系统部品与配管连接、配管与主管网连接、部品之间的接口应标准化，方便维护与更新。

**2** 设备与管线系统的公共部分与套内部分应界限清晰。专用配管和共用配管的结合部位和公用配管的阀门部位检修口宜采用标准尺寸。

**3** 敷设于楼地面的架空层、吊顶空间、隔墙内的空调及新风、给水、供暖、电气及智能化等设备与管线应便于检修，检修口宜采用标准尺寸。

**4** 安装于墙体、吊顶、地板表面的灯具、开关插座面板、控制器、显示屏等部件的位置与尺寸宜标准化，并应采取隔声、防火及可靠的固定措施。

**5** 敷设于架空地板下的管线应与地板系统相协调，安装牢固，并应采取措施避免由于踩踏、家具重物等引起的管线不均匀受力或震动。

**6** 集成式厨房、集成式卫生间的管道应在预留的安装空间内敷设，与外围护系统、内装部品相关时，其位置尺寸应标准化。当采用整体厨房、整体卫浴时，给水排水、通风和电气等管线应与产品相配套，且应在管道预留的接口连接处设置检修口。

**7** 当采用给水分水器时，分水器与用水器具应一对一连接。在架空层或吊顶内敷设时，中间不得有连接配件。分水器设置的位置应便于检修，并宜有排水措施。

**8** 安装在预制墙体上的燃气热水器，其挂件或可连接挂件的预埋件应预埋在预制墙体上，其位置尺寸应标准化。

**9** 与外围护系统相关的设备管线不应影响外围护系统的整体热工性能及水密、气密、抗风等性能要求；在维修更换时，不应影响外围护系统的性能及使用寿命。

**10** 太阳能热水系统集热器、储水罐等应进行与建筑一体的标准化设计，集成安装。

**11** 户式集中空调及分体空调系统的室外机应采用与建筑外墙一体的标准化设计，安装在预制的空调板或设备阳台上，冷媒管及凝结水管穿墙孔的位置及孔径应标准化。

**12** 燃气热水器的烟气应排至室外，位置及孔径应标准化。应采取可靠的防油烟措施，避免对建筑外墙饰面的污染。

**13** 设备管线需要在预制构件上预留预埋孔洞、套管、管槽、预埋件时，应尽量统一定位尺寸，减少预制构件的种类。

**14** 穿越预制墙体的管道应预留套管；穿越预制楼板的管道应预留洞口或预留套管。套管或洞口的位置及尺寸应标准化。

**15** 设备管线安装用的预埋件应预埋在实体结构上，应考虑其受力特性，且预埋件应满足锚固要求。管道或设备集中的位置应共用支吊架和预埋件，预埋件锚固深度由计算确定且宜不小于 120mm。

**16** 叠合楼板处的不同专业管线布线应结合楼板的现浇层或建筑垫层厚度进行管线综合设计，减少管线交叉。

**17** 电气及智能化管线在叠合楼板内敷设应进行标准化设计，并符合下列规定：

1）沿叠合楼板现浇层暗敷的电气及智能化管线，应在预制楼板灯位处预埋深型接线盒。

2）当沿叠合楼板、预制墙体预埋的接线盒及其管路与现浇相应电气管路连接时，应在墙面与楼板交界的墙面预埋接线盒或接线空间。

3）敷设在垫层的线缆保护导管最大外径不应大于垫层厚度的 1/2。暗敷线缆保护导管的外护层厚度不应小于 15mm；消防设备线缆保护导管暗敷时，外护层厚度不应小于 30mm。

【注释】

根据居住建筑的产权归属及维护管理需求设置设备管线的公共与户内界限，便于使用过程中的维修与更换。检修口可根据检修需求确定标准尺寸。

与建筑、内装等专业的一体化集成设计可以确保检修口的位置与尺寸能够满足本专业功能要求，同时兼顾标准化与美观舒适等要求。

人在室内的活动及家具重物会造成架空地板的轻微位移及震动。当管线与架空地板的楼面板或龙骨为刚性接触时，易造成管线的某些部位长期应力集中或冲击性受力，从而出现管道开裂或接头松脱，影响管线的使用寿命。

集成式厨房预留排气口底距楼地面高度不宜小于 2400mm；集成式卫生间排风宜采用顶排风方式；集成式卫生间预留排气口底距楼地面高度不宜小于 2300mm；集成式厨房、集成式卫生间管道接口的位置尺寸允许偏差不应大于 3mm。

本条为避免设置于外围护系统的设备管线容易出现冷桥、渗水等问题，影响外围护系统的整体性能，或在设备管线维修更换时造成外围护系统的损坏而做出相关规定。

其室外机应同时需在外墙预留室外机冷媒管穿墙孔洞。户式集中空调孔洞直径宜为 $\phi$150，分体空调孔洞直径宜为 $\phi$75，壁挂安装时的孔洞底边距楼地面不宜小于 2200mm，落地安装时的孔洞中心距楼地面 150mm。

排气孔洞宜设于现浇段，距地不应小于 2100mm；当设于预制墙体上时，与墙板边距不宜小于 200mm。排气管严禁与排油烟道合用，排气口应采取防风措施。

预制墙板中预埋线盒、预留孔洞的标高等宜符合表 6.2.3 的规定。

**预制墙板中常见预埋线盒、预留孔洞选用标高（m）　　表 6.2.3**

| 配合专业 | | 结构、电气、装修 | 结构、设备、建筑 | 结构、设备、建筑 |
|---|---|---|---|---|
| 预埋预留内容 | | 接线盒、开关盒 | 空调冷凝水管洞 | 厨房排烟管洞 |
| 底面标高选择范围 | 低位 | 0.30 | 0.20 | — |
| | 中位 | 1. 30 | — | — |
| | 高位 | 2.20 | 2.20 | 2.20 |

预留套管或洞口的位置应以立管中心定位、上下对应，其偏差不应大于±3mm。穿越预制梁的管道应预留套管，套管尺寸宜大于所穿管道 1～2 号，如为保温管道，则预埋套管尺寸应考虑管道保温层厚度。

### 6.2.4 标准化集成

1 设备与管线系统宜进行模块化设计，选用便于现场安装、装配化程度高的设备管线成套系统，设备、管线、阀门、仪表等宜集成预制。

2 公共的管线、阀门、计量仪表、电表箱、配电箱、弱电箱等，应集成设置在公共区域。

3 当装配式混凝土居住建筑采用太阳能热水系统时，宜选用集热器、储水罐等与建筑一体化集成的技术与产品。

4 装配式混凝土居住建筑的套内新风系统、供暖系统宜采用模块化产品。

装配式混凝土居住建筑套内设备管线应采用同层敷设方式，在管窿、隔墙、架空地板或吊顶内集成设置。

5 装配式混凝土居住建筑的智能化系统应系统集成设计，并选用配套的集成化部品部件。

【注释】

为了适应装配式混凝土居住建筑的集成建造方式，设备与管线设计宜采用高集成度的设备管线技术产品，如集成管道井、设备管线与预制墙体的集成、中央集成给水管道系统、模块化同层排水系统等。

对于居住建筑公共部位不同功能的设备管线应通过建筑、内装、给水排水、暖通、电气及智能化等多专业集成设计，满足安全美观、安装便捷、易于维护管理的要求。

## 6.3 通用技术要求

**6.3.1** 设备与管线安装时应考虑抗震措施。

**6.3.2** 当设备管线敷设于吊顶、隔墙、架空地板内时应有明显的位置标识，避免后续施工或投入使用后造成二次破坏。

**6.3.3** 设备与管线应尽量避免敷设于预制构件的接缝处。

**6.3.4** 敷设于吊顶、隔墙、架空地板内的供水管线应采取措施避免有机溶剂的腐蚀或污染。

【注释】

在室内装修中会经常性的使用有机溶剂，部分有机溶剂会对供水管线造成腐蚀，降低管线使用寿命，同时也会对供水水质造成污染。因此，应采取措施杜绝管线与有机溶剂的直接接触，如设置管线保护层等。

**6.3.5** 给水排水及暖通空调系统管道与部品的接口形式及位置应便于检修更换，并应采取措施避免结构或温度变形对管道接口产生影响。

**6.3.6** 电气和智能化设备、管线与预制构件结合安装时，应保证安装的牢固性并不应影响预制构件的结构安全性能。墙板内电气和智能化管线宜选用可弯曲电气导管保护，宜选用有利于交叉敷设的难燃可挠管材，布置应保持安全间距。

【注释】

对于配电箱、配线箱等尺寸较大的电气及智能化设备，宜避免安装在预制构件（预制剪力墙、预制隔墙等）上。当安装在预制构件上时，应采取预留预埋的安装方式；当采用膨胀螺栓、钉接、粘接等固定方式后期安装时，应在预制构件性能允许范围内实施，且不得剔凿预制构件。固定在预制构件上较重的大型灯具、桥架、母线、配电设备等，应根据荷载，采用预埋件进行固定。

**6.3.7** 防雷设计应优先利用建筑物现浇混凝土内钢筋作为防雷装置。当无现浇混凝土内钢筋用作防雷引下线时，宜利用预制剪力墙、预制柱内的部分钢筋作为防雷引下线。

【注释】

装配式混凝土建筑的防雷设计与一般建筑有较大区别，为确保建筑的防雷安全，应结合装配式混凝土建筑的结构特点，在设计施工阶段做出相关规定。预制构件内作为防雷引下线的钢筋，应在构件接缝处作可靠的电气连接，并在构件接缝处应预留施工空间及条件。建筑外墙上的金属管道、栏杆、门窗等金属物需要与防雷装置连接时，应与相关预制构件内部的金属件连接成电气通路。需设置局部等电位联结的场所，各构件内的钢筋应作可靠的电气连接，并与局部等电位箱连通。

# 7 一体化建造

## 7.1 一般规定

**7.1.1** 装配式建筑应采用设计、生产、采购、施工一体化的工程总承包建造模式。通过基于项目全过程的技术策划及信息化管理，对建造过程中各个环节进行有效而全面的整合，以实现技术体系和标准的完整应用、建筑产品质量和品质的有效保障、建造效率和综合效益的较大提升等目标。

【注释】

装配式建筑基于一体化的工程总承包建造模式是以“建筑”为最终产品的系统思维，在工程建设全过程中通过总体技术优化，多专业协同，按照一定的技术接口和协同原则，运用工业化方式形成装配式建筑产品的建造方式，核心体现为“三个一体化”：建筑、结构、机电、装修一体化，设计、生产、装配一体化，技术、管理、市场一体化。

**7.1.2** 装配式建筑应进行技术策划，对技术选型、技术经济可行性和可建造性进行评估，并应科学合理地确定建造目标与技术实施方案，使项目的经济效益、环境效益和社会效益实现综合平衡。

**7.1.3** 实现装配式建筑一体化建造的基本途径是工业化建造。

**1** 装配式建筑的标准化设计思想与设计决策应落实到“生产环节”与“施工环节”，通过设计成果保障生产、采购、施工各环节工作的有序开展。

**2** 通过工厂化生产将部品部件进行集成与二次组装，形成标准化部品部件，实现精细化制造。

**3** 通过施工现场规范化、标准化、工具化、机械化的操作，以及多工种、多工序的合理穿插和有序作业，实现高效、高质量建造。

**4** 通过 BIM 信息化技术将设计、生产、运输、施工和运营各环节联系到同一工作平台，实现全过程的一体化，提高各专业之间协同配合的效率及实时性。

## 7.2 技术策划

**7.2.1** 建设单位应在项目规划审批立项之前组织开展技术策划专项工作，对项目定位、技术路线、成本控制、效率目标等做出明确要求，对项目所在区域的构件生产能力、施工装配能力、现场运输与吊装条件等进行初步技术评估。

**7.2.2** 技术策划的前提包括：项目规划要求（招标）、项目开发要求（投标承诺和开发目标）以及项目总承包要求（对前两项的承诺以及建造目标）。

**7.2.3** 技术策划应包括设计策划、部品部件生产与运输策划、施工安装策划和经济成本策划。

**1** 设计策划应结合总图概念方案与建筑概念方案，对建筑平面、结构系统、外围护系统、设备与管线系统、内装系统进行标准化设计策划，并结合成本估算，选择相应的技术配置。

**2** 部品部件生产策划应根据供应商的技术水平、生产能力和质量管理水平，确定供应商范围；部品部件运输策划应根据供应商生产基地与项目用地之间的距离、道路状况、交通管理及场地放置等条件，选择稳定可靠的运输方案。

**3** 施工安装策划应根据建筑概念方案，确定施工组织方案、关键施工技术方案、机具设备的选择方案、质量保障方案等。

**4** 经济成本策划要确定项目的成本目标，并对装配式建筑实施重要环节的成本优化提出具体指标和控制要求。

【注释】

技术策划的重点内容：建筑产品的定位与分析；适宜建筑产品和建造技术体系的分析与比较；一体化的技术路线制定与实施保障的难点、重点，以及解决思路、补充研究等；信息化管理、质量、效率、效益等的综合分析。

（1）概念方案和结构选型的合理性。

装配式建筑的设计方案，首先，应满足使用功能的需求；其次，应符合标准化设计的要求，具有装配式建造的特点和优势，并全面考虑易建性和建造效率；最后，结构选型应合理，其对建筑的经济性和合理性非常重要。

（2）预制构件厂技术水平、可生产的预制构件形式与生产能力。

装配式建筑中预制构件的几何尺寸、重量、连接方式、集成程度、采用平面构件还是立体构件等技术配置，宜结合预制构件厂的实际情况来确定。

（3）预制构件厂与项目的距离及运输的可行性与经济性。

装配式建筑的施工应综合考虑预制构件厂的合理运输半径，用地周边应具备完善的构件、部品运输交通条件，用地应具有构件进出内部的便利条件。当运输条件受限制时，个别的特殊构件也可在现场预制完成。

（4）施工组织及技术路线。

主要包括施工现场的预制构件临时堆放方案可行性，用地是否具备充足的构件临时存放场地及构件在场区内的运输通道，构件运输组织方案与吊装方案的协调同步，吊装能力、吊装周期及吊装作业单元的确定等。

（5）造价及经济性评估。

预制构件在工厂生产，其成本较传统现浇施工方式易于确定。从国内的实践经验来看，通常是以每立方米混凝土为基本单位标定，在前期策划阶段可作为参考。

**7.2.4** 技术策划的成果包括以下内容：

**1** 建造全过程的总体流程，包括主要节点、重点环节、责任分解、统筹方式、界面管理等，重点内容需要建立具体的指标（系统）。

**2** 建筑产品技术体系的总体框架、标准和控制性指标，与技术体系实施相关的建造环节（生产、采购、施工）的控制性指标（标准、时间、工艺、研究等）。

## 7.3 设 计 管 理

### 7.3.1 方案设计

根据技术策划实施方案进行平面、立面、剖面图以及重要节点构造设计，明确结构体系、预制构件种类等；精装设计应在此阶段介入，根据户型方案进行精装方案设计。方案设计阶段流程如图 7.3.1 所示。

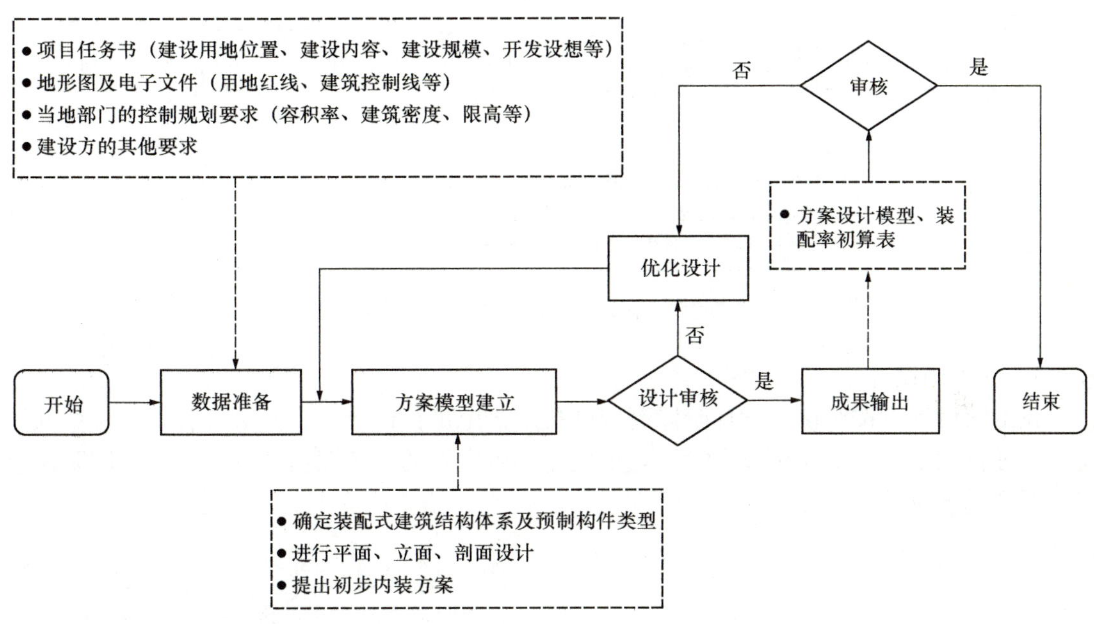


图 7.3.1 方案设计阶段工作参考流程

【注释】

依据技术策划，遵循规划要求，满足使用功能；构件的“少规格、多组合”，应考虑成本的经济性与合理性；平面设计应在保证满足使用功能的基础上，实现基础单元设计的标准化和系列化；立面设计应考虑构件生产加工的可能性，根据装配式建造方式的特点实现立面的个性化和多样化；精装设计单位应在此阶段介入，根据户型方案进行精装方案设计，并参与户型细节的修改，提出初步内装方案。

### 7.3.2 初步设计

各专业协同优化设计预制构件规格种类、设备专业管线预留预埋等，并进行专项的经济性评估，分析影响成本的因素，制定合理的技术措施，进一步细化和落实所采用的技术方案的可行性。初步设计阶段流程如图 7.3.2 所示。

【注释】

在此阶段，各专业完成初步设计图，并针对预制构件在生产和施工过程中的要求与设计各专业核对冲突点，进行修改调整，精装专业需要提供准确点位布置图。

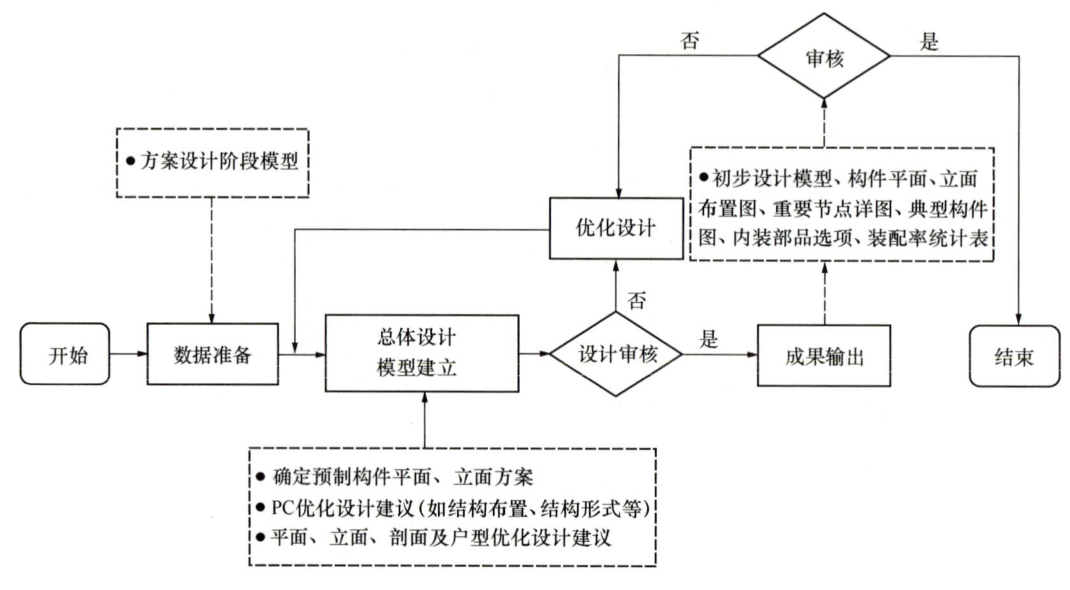


图 7.3.2　初步设计阶段工作参考流程

**7.3.3**　施工图设计

施工图设计应按照初步设计阶段制定的技术措施进行设计，充分考虑各专业预留预埋要求，进行预留预埋及连接节点设计，形成完整可实施的施工图设计文件。施工图阶段流程如图 7.3.3 所示。

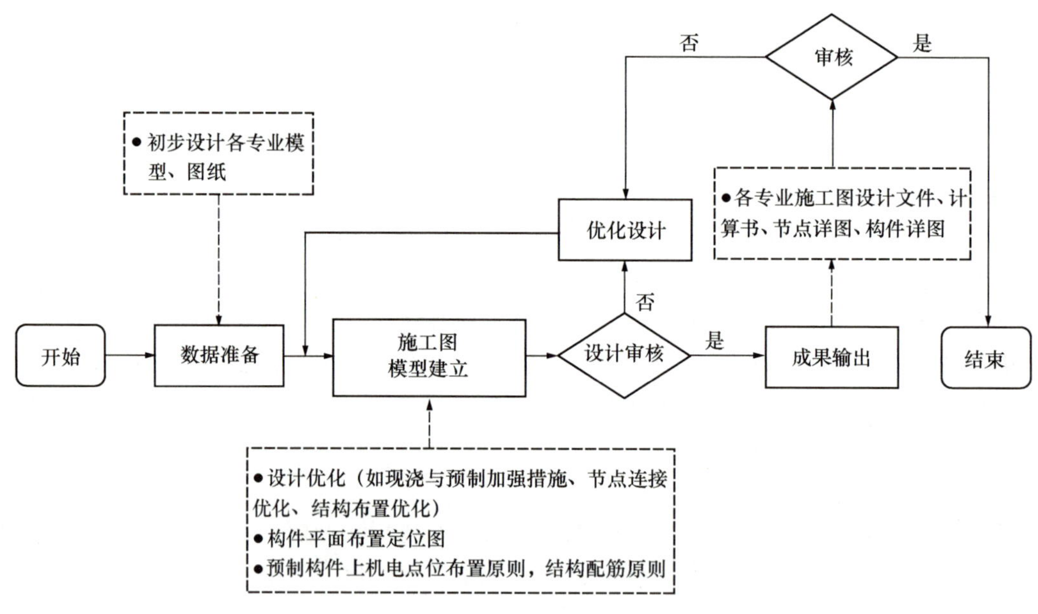


图 7.3.3　施工图阶段工作参考流程

【注释】

在此阶段，落实初步设计阶段的技术措施，配合内装部品的设计参数，协调设备管线的预留预埋；推敲节点大样的构造工艺，考虑防水、防火的性能特征，满足隔声、节能的规范要求；预制构件、内装部品、设备设施等生产单位应向设计院提供相应的参数。

**7.3.4** 深化设计

**1** 现阶段，装配式建筑设计还需进行深化设计，由深化设计单位完成构件加工图设计，应在施工图文件的基础上，进一步考虑生产运输及现场安装时的吊钩、临时固定设施安装孔的预留预埋。

**2** 当装配式建筑发展到一定程度时，则不需要进行深化设计。运用正向设计思维，将各阶段、各专业技术和管理信息前置，在设计阶段就应统筹建筑、结构、机电、装修各子系统的生产、装配环节，进行全过程系统性策划，设计出模数化协调、标准化衔接、精细化预留预埋的系统性装配式建筑产品，整个过程不再需要进行深化设计。

【注释】

深化设计应与生产、施工单位密切协作，应考虑的因素主要包括：生产工艺（正打、反打、立模、组合构件）、生产设备的条件；构件运输的可行性（厂内倒运、构件堆放，厂外运输、道路限高、限宽、运输方式，施工现场运输）；施工吊装的限制（塔式起重机布置与构件重量、施工防护架、施工电梯布置、临时支撑、吊装方案、吊装顺序等）。

## 7.4 生 产 管 理

**7.4.1** 生产与设计协调

**1** 技术策划阶段，设计方应考虑构件生产线与生产工艺的限制因素，对预制构件形状、尺寸、大小进行合理设计。

**2** 方案设计阶段，生产方应配合设计方进行预制构件产品设计，并确定预制构件易于生产加工。

**3** 初步设计阶段，生产方应配合设计方提供工厂生产模台尺寸和吊车吊重等资料。

**4** 施工图设计阶段，生产方应配合各专业优化预制构件设计、节点设计，以及预留预埋设计等。

**7.4.2** 生产与施工协调

**1** 施工方应派专人进入构件厂对预制构件生产过程及生产进度进行监督检查。

**2** 预制构件进场前，施工人员应对预制构件的型号、数量、时间等进行及时沟通确认。

**3** 施工过程中，构件生产厂技术人员应协助施工方进行装配施工，解决安装过程中出现的需要其处理的问题。

## 7.5 采 购 管 理

**7.5.1** 采购方向供货商发起招标询价，组织设计方、生产方和施工方等进行技术评审，并组织采购进场检验验收等程序。

**7.5.2** 生产方或施工方应提前向采购方提出采购需求。

**7.5.3** 采购方应将供货进度计划提前交给生产方或施工方，明确到货品名、规格、数量以及进库的时间要求等。

**7.5.4** 设备、材料运抵现场后，采购方应及时与生产方或施工方进行交接，共同进行开箱检验，做好检验记录，办理入库手续。

## 7.6 施 工 管 理

**7.6.1** 施工组织与部署原则

装配式混凝土建筑施工应严格遵循方案先行的原则，施工前应按照工程特性及地区特点编制施工组织设计与施工专项方案。应明确装配式工程的总体施工流程、预制构件运输流程、标准层施工流程等工作部署，充分考虑现浇结构施工与PC构件吊装作业的交叉，明确两者工序穿插顺序及作业界面划分。

【注释】

施工组织设计内容一般包括：编制依据、施工部署、进度计划、施工总平面布置、施工方案、质量管理、安全文明施工管理等。施工部署过程中应综合考虑构件数量、吊重、工期等因素，明确起重设备和主要施工方法，尽可能做到区段流水作业，提高工效。

**7.6.2** 施工平面布置

**1** 大型机械设备布置。应充分考虑塔式起重机端部吊装能力、预制构件最大重量、塔臂覆盖范围以及预制构件堆放、施工流水等因素，合理布置塔式起重机；考虑群塔作业，控制塔式起重机相互关系与臂长，并尽可能使塔式起重机所承担的吊运作业区域大致相当。

**2** 构件堆场布置。应结合塔式起重机吊运半径及吊重等条件进行构件堆场设置，满足预制构件堆载重量、堆放数量以及施工方便等要求；堆场的布置宜避开地下车库区域，当必须采用地下室顶板作为堆放场地时，应对地下室顶板的承载力进行验算，必要时应进行加固处理。

**3** 临时道路布置。应充分考虑施工现场附近建筑物、地下管线、高压线以及构件运输等因素布置现场临时道路，满足构件运输车辆载重、转弯半径、车辆交汇等要求。

【注释】

塔式起重机的平面布置应根据建筑物外形、结构特点和周边环境、条件，确定塔式起重机的位置，各种材料的堆放、临时设施或其他设施围绕拟建建筑物和塔机。根据塔式起重机的覆盖面和供应面要求，塔机的位置确定应尽量避开影响塔机运行的障碍物，在起重臂的有效旋转半径内，尽量能覆盖拟建建筑物全部，满足吊重、吊次。主要材料、预制构件、配件和半成品尽量在有效半径之内，减少死角和二次搬运。

**7.6.3** 进度管理

**1** 设计阶段的出图时间和设计质量直接影响工厂的生产准备以及施工的整体进度，因此，设计的进度要求一般在项目策划阶段就同工程总进度计划一起予以明确，构件厂、施工现场技术人员应与设计人员紧密联系，必要时应召开进度协调会。

**2** 总进度计划确定后，应及时排出构件生产计划及构件吊装计划。现场施工人员应同构件厂紧密联系，了解构件生产情况，并根据现场场地情况考虑构件存放量。

3　构件进场前，应充分考虑构件运输的限制因素，确定场内外行车路线，以及每批构件的具体进场时间及进场次序。

4　结构施工阶段，穿插专业管线的预留、预埋，以及装饰装修施工和机电设备安装，实现多作业面同时有序施工。

【注释】

装配式混凝土建筑项目采用工程总承包模式，应从设计、生产、施工等各环节统筹考虑，从根本上提高建造效率。设计是构件生产的前提，构件生产是现场施工安装的前提，合理分解各阶段进度计划，优化衔接各环节工序穿插，完成总工期目标。

**7.6.4**　总承包各方协调

1　施工与设计协调

施工方应对设计图纸中存在的问题及时提出疑问或合理化建议，协助设计方完善施工图设计；施工方积极与设计方配合，解决施工过程中的疑难问题，为设计变更提供详细的现场资料。

2　总包与分包协调

总承包单位应合理分配现场各项资源和机械设备，科学安排各工序，保障关键施工线路，协助分包方解决施工过程中的困难。

3　各专业间协调

技术策划阶段，建筑、结构、内装、机电等专业协同确定建筑结构体系、建筑内装体系、设备管线综合方案；图纸会审时，各专业认真熟悉图纸，领会设计意图，针对各专业交叉、衔接存在的问题，共同提出修改方案。

4　总承包单位外部协调

1）总承包单位应协助建设方办理开工前的各项审批手续，落实现场施工条件，解决临时生产及生活用地。

2）监理单位应安排专人前往预制构件厂进行驻厂监造。

3）总承包单位先进行竣工预验收，建设单位组织参建各方及政府行业监管部门进行竣工验收。施工过程中，应与政府行业监管部门协商过程分段验收方案，以便后续精装等工序的提前插入。

【注释】

总承包单位积极主动对分包方提供服务与支持，协助其解决施工过程中的困难，支持其与工程相关的工作。根据各分包方的作业内容主次不同，合理分配现场各项资源和机械设备，合理安排施工顺序，确保关键施工线路得以保障。当不同专业之间交叉施工发生矛盾时，优先保证关键线路，保证总体施工正常进行。

监理人员应对预制构件进行隐蔽验收，并对相关原材料进厂进行30%见证取样送检，对灌浆套筒连接接头工艺检验进行100%见证，对预制楼梯、叠合板等构件结构性能检验进行100%见证。

政府行业监管部门、建设单位、监理单位与总承包单位在工程建设过程中是监督与被监督的关系，各方应密切协作、加强管理，建立正常的联系渠道，强化信息交流手段。

# 8 信息化管理

## 8.1 实施原则

**8.1.1** 装配式建筑应采用信息化管理。装配式建筑应采用基于 BIM 的一体化集成应用技术，实现装配式建筑的建筑、结构、机电、装修全专业的一体化，设计、生产、施工全过程的一体化，实现 BIM 技术与信息化管理的深度集成，提升装配式建筑建造效率与质量。

**8.1.2** 结合工程总承包 EPC 模式，应采用 BIM 的全过程应用。

【注释】

装配式建筑是建筑工业化的一种形式，发展工业化就离不开信息化，而 BIM 技术是建筑业信息化最佳应用，通过统一的 BIM 协同工作平台，实现装配式建筑全产业链的信息互联互通，在全生命周期内提供协调一致的信息，实现数据共享和管理协同。利用 BIM 技术建立的参数化装配式建筑标准户型库和标准部品部件库，提高装配式建筑设计标准化程度；通过 BIM 的全专业协同设计，提高专业间的协调性，实现精细化设计；通过装配式建筑 BIM 设计数据直接接力构件生产设备，实现自动化生产；结合 BIM 与物联网技术的可追溯性质量管控的生产管理系统对构件加工过程进行规范化管理；施工过程中通过 BIM 实现构件运输、安装及施工现场的一体化智能管理；利用拼装校验技术与智能安装技术指导施工，优化施工工艺，提高建造效率和工程质量，降低人工工作量。装配式建筑基于 BIM 的全产业链信息化管理集成应用模式下，各参与方的工作模式与主要内容如图 8.1.2 所示。

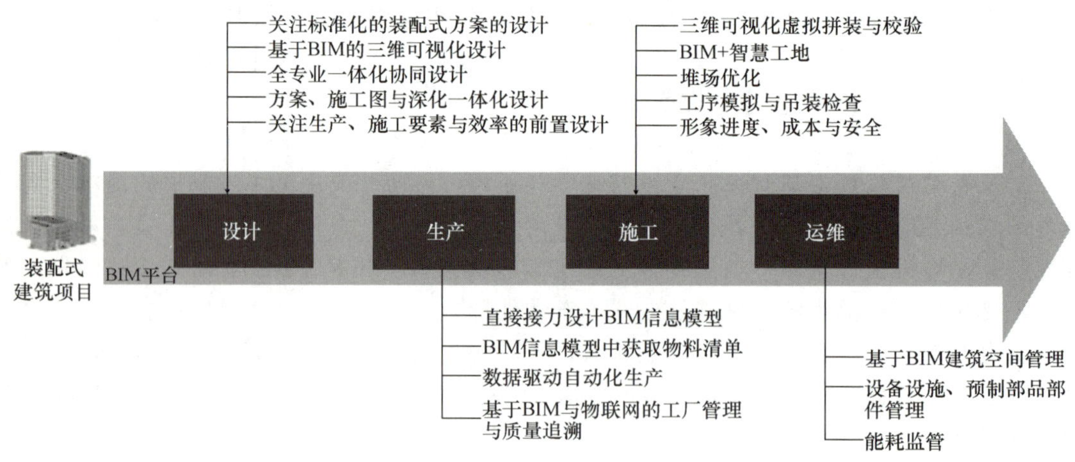


图 8.1.2 装配式建筑全生命期各参与方的协同工作模式与主要内容

## 8.2 基于BIM的信息化管理体系搭建

**8.2.1** 装配式建筑基于BIM的全过程应用系统架构

基于BIM的装配式建筑全过程应用系统的架构部署，应包含支撑全过程应用的BIM平台，以及基于统一平台的设计、生产、施工与运维的各个阶段的应用软件与系统，形成一体化集成应用系统。

【注释】

要实现装配式建筑BIM的全过程应用，需要从系统架构上对这种应用模式提供支撑，需要有统一的BIM云平台（私有云或公有云），各个阶段、各参与方均能基于同一平台各个阶段系统进行协同工作，保证信息的互通与一致性，系统架构如图8.2.1所示。

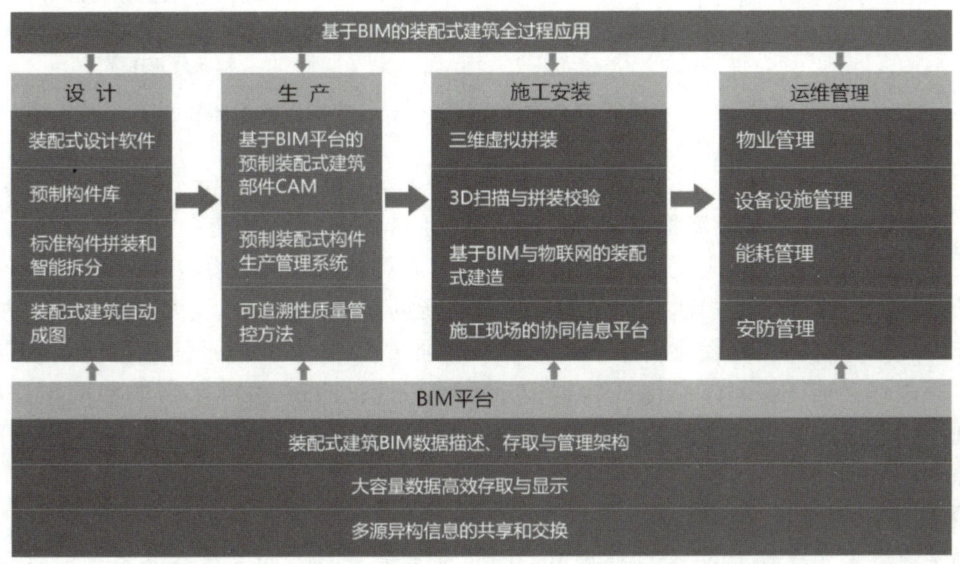


图8.2.1 装配式建筑基于BIM的全过程一体化集成应用模式

**8.2.2** 标准化预制部品部件库

通过开放的参数化预制部品部件BIM库，形成装配式建筑标准化设计的基础单元库，装配式建筑设计阶段优先采用库内的标准化部品部件进行设计，设计软件应能方便的加载与检索标准化部品部件库内构件，并用于设计。同时这些参数化部品部件信息可以用于生产与指导施工，打通前端设计与后端生产、施工，为装配式建筑全流程标准化和一体化提供关键支撑。

【注释】

基于BIM平台进行装配式建筑标准化设计，需要建立标准化的部品部件库，基于标准化的部品部件库进行方案与深化设计。为了方便设计人员的使用，标准化部品部件库应该能够直接载入到BIM设计软件中，并参与设计校核。库与应用端的关系如图8.2.2所示。基于这种端的协同方式，生产与施工后端积累的标准化构件就可以上传到云端标准化部品部件库，形成标准化的积累资源，并能为前端设计所用，引导设计标准化，提升标准化部品部件的重复利用率。

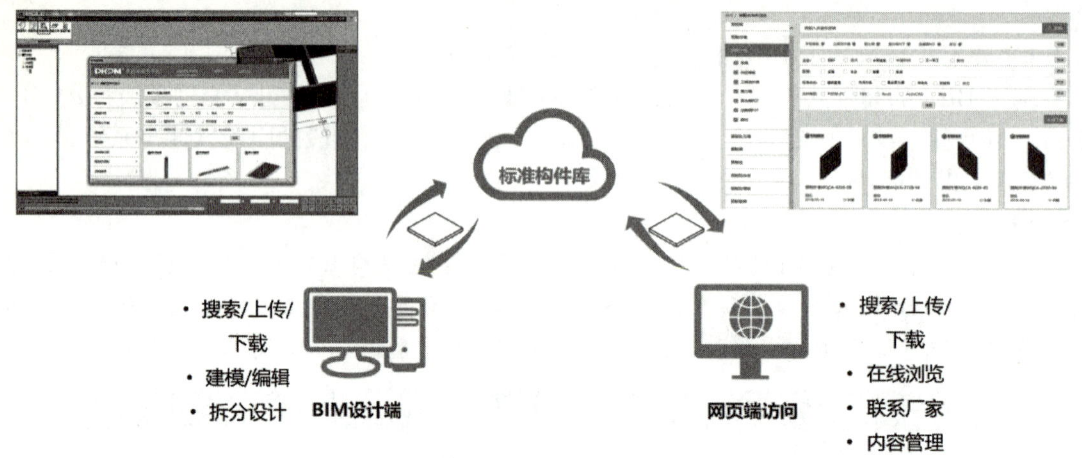


图 8.2.2 标准化部品部件库打通设计、生产、施工环节

**8.2.3** 支撑装配式建筑全流程集成应用的 BIM 平台

装配式建筑全流程集成应用的 BIM 平台应具有开放性，可以集成装配式建筑各阶段应用子系统，实现对装配式建筑全过程信息和资源的集中管理，以及多专业三维可视化协同工作，支撑完整的全流程应用体系。各子系统通过 BIM 平台记录信息数据，获取所需信息，通过建立唯一编码体系保证数据记录的唯一性；通过 BIM 平台的协同工作机制，可实现不同专业和上下游之间的信息协调和互通；通过标准化数据格式实现各类应用软件中多源异构数据的相互转换，使各类软件实现集成化应用。

【注释】

要实现装配式建筑 BIM 全过程应用，BIM 平台是基础，而且平台具备开放性与集成性，让各个阶段、各参与方的系统能够集成对接。

**8.2.4** 装配式建筑各阶段应用软件和管理系统

基于装配式建筑全流程集成应用 BIM 平台，集成装配式建筑各阶段应用软件和管理系统，将方案设计、初步设计、施工图设计、深化设计、生产管理、施工管理与施工技术等方面的信息数据和应用软件集成，实现标准化设计、优化排产、合理施工组织、自动统计算量，达到最大优化项目成本和质量控制的目标。

【注释】

装配式建筑全过程各个阶段、各参与方具体的业务工作，还需要通过不同阶段的软件与系统来完成，软件或系统与统一的 BIM 平台形成连接，形成全流程的集成应用系统。

## 8.3 设 计 阶 段

装配式建筑设计应采用 BIM 一体化设计模式，基于 BIM 的全专业集成化、精细化设计，前置考虑构件加工及运输、施工中的工艺及效率因素。

【注释】

装配式建筑全专业一体化设计要求比较适宜采用BIM技术来完成，利用BIM平台建立统一的三维可视化数据模型，进行各专业协同设计、出图管理，达到专业之间数据无缝衔接，支持多阶段、多参与方的模型协调深化，从整体提高设计效率和质量。

**8.3.1** 方案策划

基于BIM平台建立的标准户型库和标准部品部件库，通过组合少数的基本户型单元形成多样化的建筑平面；利用标准化部品部件组装的方式，形成高标准化、高重复利用率的装配式建筑方案。

【注释】

装配式建筑方案策划阶段应遵循通用化、模数化、标准化、少规格、多组合的原则，减少构件种类，提高模板的重复使用率，利于构件的生产制造与施工，利于提高生产速度和工人的劳动效率，从而降低成本。设计企业可基于实际项目不断积累装配式建筑BIM标准户型库和标准部品部件库。

**8.3.2** 初步设计

通过BIM平台直接对接各专业设计软件，通过专业设计软件的分析设计，确定部品部件的尺寸规格。基于BIM平台实现各个专业的协同设计，统计并控制构件的种类，提高重复利用率。

【注释】

基于BIM平台，实现各个专业的初步设计，包括构件布置、尺寸等信息，基于BIM的管线综合和碰撞检测实现设计检查和优化。BIM设计软件应能接力分析设计结果与标准化部品部件库，实现自动化、智能化的设计。

**8.3.3** 施工图设计

通过BIM协同平台集成各专业设计成果，各专业协同调整设计方案，细化预制构件和连接内容，专业间碰撞协调内容，完成预制率统计和施工图设计。通过BIM模型自动生成结构模板图、梁板柱墙配筋图、装配式结构梁板及墙柱平面布置图、组装原则图、连接节点图等的输出。

【注释】

通过BIM平台集成各个专业信息模型，并考虑专业间的碰撞协调，如机电线盒的预留、预埋与结构的关系协调，通过BIM自动生成相关图纸，确保BIM模型与图纸的一致性。

**8.3.4** 深化设计

在装配式深化设计阶段，应接力施工图设计BIM模型，对预制构件BIM模型结合几何造型要求、节点钢筋连接要求、生产工艺要求和施工安装要求等进行参数详细调整；通过BIM平台的“碰撞检查”功能对所有预制构件进行钢筋的碰撞检查及避让处理；在PC构件BIM模型上直接布置辅助脱模、吊装、安装等预埋件，进行短暂工况验算；通过

BIM 协同平台获取各专业提资条件，针对机电、精装等预留条件完成装配式预制构件的开洞设置。装配式建筑深化设计阶段最终 BIM 模型应达到面向生产需要的精细程度（LOD500）。基于 BIM 模型的完成装配率统计、预制构件清单与物料清单，自动生成各类预制构件加工详图，构件加工详图与构件 BIM 模型可联动调整。

【注释】

通过 BIM 平台可以很好地实现建筑、结构和设备机电等各专业信息集成，前置考虑构件生产、运输、安装等各环节预留、预埋等综合要求，实现装配式建筑一体化和精细化设计目标。通过深化的 BIM 模型自动生成构件加工详图，保证图模一致。

## 8.4 生 产 阶 段

装配式建筑生产阶段信息化管理平台，针对工厂的生产加工过程进行流程化管理，通过管理平台解决库存控制、生产过程物料控制、进度控制、质量管控和成本管控，从而促进工厂的精细化管理。

**8.4.1** 预制构件 BIM 设计信息直接对接工厂生产系统

装配式建筑生产阶段信息化管理平台直接接收 BIM 设计数据，包括构件类型和数量，每个构件的基础信息和各类深化详图，包括构件的组成信息，如构件的钢筋信息、混凝土信息、模具信息和预埋件信息等。平台将生产加工任务按需下发到指定的加工设备的操作台或者 PLC（可编程逻辑控制器）中，并能根据设备的实际生产情况对管理平台进行反馈统计。

【注释】

基于 BIM 的工厂管理系统针对工厂生产数据进行管理，并能和生产线或各种生产设备直接进行对接，实现设计、加工、生产一体化，无需构件信息的重复录入，避免人为操作失误。平台需内置多种设备的数据接口，并通过接口池对接口进行管理。

**8.4.2** 涵盖项目管理和工厂管理的装配式建筑生产信息化管理平台

装配式建筑生产阶段信息化管理平台以装配式项目管理和工厂管理为两条主线，搭建项目管理和工厂管理协同及内控管理体系。

针对工厂承接的装配式建筑项目全过程进行管理，包括项目的合同、进度、质量、安全、成本和风险等进行规范化管理，采用信息管理平台进行流程优化和固化，提升项目管理和业务管理成熟度。

针对工厂的生产加工过程进行流程化管理，通过管理平台解决库存控制、生产过程物料控制、进度控制、质量管控和成本管控，从而促进工厂的精细化管理。

【注释】

PC 工厂的管理应以项目管理与工厂管理两条主线分别展开，并之间建立联系与联动机制，当项目有变化时，能够及时自动调整工厂应对。

**8.4.3** 基于 BIM 与物联网的装配式质量追溯系统

借助构件编码体系和物联网技术，实现构件可追溯性质量管控。建立预制装配式建筑构件编码体系，将预制混凝土构件系列（类型）码与 BIM 模型及构件数据库关联，在构件生产过程中通过二维码或 RFID 电子标签对构件全生命周期进行管理，尤其针对隐检、成品检、入库、装车、卸车、安装等核心环节进行跟踪记录和管控，从而实现构件全生命周期追溯性质量管理。

【注释】

通过物联网技术，把系统中虚拟数字化的构件信息与现实工作构件建立联系，通过各个工艺、工序扫码记录相关信息，实现全过程信息自动记录，从而实现质量可追溯。

**8.4.4** 装配式工厂物资信息化管理

装配式工厂物资信息化管理从设计导入构件生产数据为起点，自动汇总生成构件 BOM 清单，从而得到物资需求计划，材料采购及材料入库后出入库管理，并提供报告报表和预告预警功能。

【注释】

物资出入库管理包括物资的入库、出库、退供、退库、盘点、调拨等业务，同时各类不同物资的出入库处理流程和核算方式不同，需要分开处理。物资出入库业务和仓库的库房、库位信息进行集成，不同类型的物资和不同的仓库关联，包括原材料仓库、地材仓库、周转材料仓库、半成品仓库等。物资按项目、按用途出库，系统能够实时对库存数据进行统计分析。系统能够动态实时生成材料的收发存明细账（入库台账、出库台账、库存台账和收发存总账等），还可以按照每种材料设定最低库存量，低于库存底线自动预警，实时显示库存信息，通过库存信息为采购部门提供依据，保证了日常的生产不会因为原材料不足而导致停产，确保生产顺利进行，同时使企业不会因原材料的库存数量过多而积压企业的流动资金，提高企业的经济效益。

**8.4.5** 运输管理

结合 GIS 地理信息系统，基于构件的最大尺寸信息，规划构件的运输道路，进出工地的路线。对于运输车辆进行编码并安装卫星定位跟踪系统，对车辆的运输位置与轨迹进行跟踪、记录与管理。

【注释】

预制构件对于运输道路、运输吨位、限制高度、路况等信息都要提前探查好，做好前期的运输轨迹规划，并根据施工工地情况，做好场地布置设计，运输车辆的出入场路线规划。信息系统应能通过卫星定位跟踪系统对运输车辆的运输轨迹进行跟踪记录。

## 8.5 施　工　阶　段

在装配式建筑施工阶段，通过 BIM 平台、构件的模型数据和施工现场的智慧工地相关技术，实现装配式建筑施工过程中堆场优化、吊装模拟和管理、构件可视化预拼装及安装流程模拟、进度协同和管控、基于物联网的质量监管等，从而达到装配化施工、智能化运用、信息化管理的装配式建筑施工阶段管理目标。

**8.5.1** 构件堆场优化

按照构件的吊装计划和装配顺序，结合 BIM 模型中确定的构件位置信息，针对项目现场的构件堆场进行优化，明确不同构件的堆放区域、堆放位置和堆放顺序，避免二次搬运。同时在构件或材料存放时，做到构配件点对点堆放。

【注释】

结合 BIM 技术，建立三维的现场场地平面布置，并以现场堆放区和吊装操作仿真模拟构件堆场和吊装，灵活、动态、合理利用现场堆场空间，实现构件堆场布置的合理、高效和优化。

**8.5.2** 吊装模拟和管理

通过构件的 BIM 模型，直接读取每个构件的吊装参数，针对施工现场的塔式起重机方案进行评估和优化。

结合施工现场工作面和空间、构件堆场布置、塔式起重机的起重能力和作业安全等因素，进行构件的吊装模拟，动态优化塔式起重机方案。

【注释】

通过塔式起重机的布置及起吊半径、起吊能力，校核装配式建筑各个部位预制构件吊装的方案，对于塔式起重机布置与堆场进行优化。

**8.5.3** 构件可视化预拼装及安装流程模拟

采用 BIM 的可视化和虚拟仿真技术，针对核心构件或者全部构件进行可视化预拼装，针对构件装配方案进行合理性验证和优化。

【注释】

采用 BIM 和 VR 技术，针对构件的现场装配和施工流程进行模拟，尤其是针对现场产业工人的培训和装配技术交底。采用三维模拟和二维详细图纸相结合的方式，既高效又精准。

**8.5.4** 进度协同和管控

基于 BIM 4D 技术和构件施工装配计划对装配式建筑施工进度可实现精确计划、跟踪和控制，动态规划分配各种施工资源和场地，结合构件的生产管理和物联网监测，实时跟踪工程项目的实际进度，并通过计划进度与实际进度进行比较，及时分析偏差对工期的影响程度以及产生的原因，采取有效措施，实现对项目进度的精确控制，从而确保项目按时竣工。

【注释】

通过 BIM 可视化进度模拟与跟踪，可以对装配式项目进行实时动态管理，通过统一的 BIM 平台，还能跟工厂生产等上下游相关方形成联动机制。

**8.5.5** 基于物联网的质量监管

通过对构件装配施工过程的核心环节安装物联网传感器，进行实时动态监测，比如混凝土浇筑、灌浆流程监测和记录等，从而更有效地加强质量监管，并将构件 BIM 模型数据和构件施工装配结果进行对比验证，也可以将质量信息挂接到 BIM 模型上。

【注释】

BIM可以作为项目管理的信息来源与载体，将构件BIM模型数据和构件施工装配结果进行对比验证，能够有效、及时避免错误的发生。也可以将质量信息挂接到BIM模型上，通过模型浏览，将质量问题在各个层面上实现高效监管与沟通。

## 8.6 运维阶段

基于竣工交付的装配式建筑全专业BIM信息模型，结合建筑运营中多源异构数据集成技术和多系统融合技术，基于环境感知的建筑能效优化、智能建筑电能优化和协调优化控制方法，结合BIM、GIS、物联网、云计算和智能控制技术，建立基于BIM的建筑运营智慧管理系统，进行建筑的设备设施管理、物业管理和能耗监测。

### 8.6.1 设备设施管理

通过BIM技术将装配式建筑中的设备、设施的几何形状、空间位置、设备参数、品牌、厂家、联系方式等信息存储，当设备、设施需要维修或更换时，可以根据BIM数据中设备设施的品牌、生产厂家、联系方式等及时获得相应的服务。BIM模型所具备的虚拟3D建筑物数据，可提供复杂的管线系统一个方便可视化的环境，让维修人员能更明确地掌握建筑物全貌。

【注释】

通过建立数字化管理流程与BIM模型进行整合，使其管理流程数据能与BIM模型的建筑物数据相互关联，强化数据的互动性，有助于提高设施管理的质量。通过与智能监控设备连接，形成对设备设施运行性能的动态管理。

### 8.6.2 物业空间管理

以BIM轻量化模型为数据基础，在社区级与住户级整合所有功能所涉及的终端设备，通过物联网技术为业主提供新居全景导航云端服务，提供在线物业的VR全景电子使用说明书。

【注释】

通过轻量化BIM模型在线三维可视化展示能力，可以对户型室内空间、小区公共空间、小区开放空间等进行沉浸式体验，并且在模型中可以查看做法、节点等施工信息、设备信息以及其他相关信息内容，使用户对于居住空间有更直观的认识。让用户获得切实体验，有效改善公共服务水平，为物业管理团队提供更直观、高效的物业管理系统与物业全景导航云端服务，促进社区良性发展的局面，提升人民的获得感，打造以智慧建造为数据基础的智慧社区。

### 8.6.3 能耗监测

通过BIM集成装配式建筑全过程实施的相关信息及运维智能终端设备实时采集的信息，对建筑的能耗进行实时的能耗监测、仿真分析与动态优化。

【注释】

基于全过程BIM应用综合数据库，从中提取在项目前期、项目设计、项目施工过程中与建筑能耗控制要求所有相关的约束性条件，以及各个过程中对于建筑能耗管理分析模拟的规则和结果，对运营阶段能耗管理进行初始化的调整和实施。通过 BIM 与智能终端设备的集成，在实时采集人流、环境、设备设施运行等动态信息的基础上，集成建筑内各类能源消耗的实时数据与历史数据，提取 BIM 模型中的相关信息，通过数据模拟和分析技术，在 BIM 可视化及参数化的环境中，进行多种条件下的运行能耗仿真预估，为建筑运行阶段的能源管理提供预案。通过建筑能耗管理系统采集设备运行的最优性能曲线、设备运行的最优寿命曲线、设备运行监测数据等动态数据，结合 BIM 综合数据库内的静态信息，通过运行仿真预估，提供建筑能源优化管理预案。

## 8.7 政府监管与服务平台

装配式建筑项目应加强政府的监管，促进装配式建筑行业有序、健康的发展。通过打造装配式建筑全产业链监管与服务平台，加强对于辖区内装配式建筑企业、工厂、项目的统筹管理，对装配式建筑从报建审批、设计、生产、运输、施工与运维各个环节加以管控，提升装配式建筑质量与效率。

**8.7.1** 工厂布局规划

基于监管平台，统筹综合区域内的工厂布局、产能与项目需求，做好预制构件工厂的整体布局，避免盲目的、重复的投资建设，导致产能过剩或产能不足等问题。

【注释】

政府的装配式全产业链监管平台可以基于 BIM+GIS 技术搭建，通过平台上已有工厂生产线、产能的布局，对比装配式建筑项目的分布及对应产能的需求，做好新投资工厂的布局。

**8.7.2** BIM 数字化报建审批

基于全信息装配式建筑 BIM 模型与自动化报建工具，提升装配式建筑报建的数字化、智能化水平，提高报建的效率。平台应采用开放的结构化数据库，制定一种公共的数据格式标准，数据格式满足审批的各项业务要求，支持各类软件的 BIM 模型转换为这种标准格式，所有的项目都要以统一格式提交和记录规划报批成果。

【注释】

通过搭建 BIM 数字化报建审批系统，后台与标准化部品部件库自动比对，通过标准化率、重复利用次数等指标去衡量当前装配式建筑标准化程度。通过自动提取 BIM 模型中的一些量化指标，提高报建审批的效率。

**8.7.3** 全过程质量追溯和监管

搭建全过程质量追溯和监管系统，借助构件编码体系和物联网技术，实现构件可追溯性质量管控。建立预制装配式建筑构件编码体系，将预制混凝土构件系列（类型）码与 BIM 模型及构件数据库关联，在构件生产过程中通过二维码或 RFID 电子标签对构件全生命周期进行管理，尤其针对隐检、成品检、入库、装车、卸车、安装等核心环节进行跟踪记录和管控，从而实现构件全生命周期追溯性质量管理。

【注释】

通过建立装配式部品部件全过程追溯系统，借助BIM、物联网与云平台等技术，对装配式建筑项目从设计到生产、施工全过程项目关键工艺、工序进行自动记录与安全把关，也为多方协同提供统一的平台。

**8.7.4** 大数据分析和公共服务

通过监管与服务平台采集辖区内装配式产业相关的项目数据、企业数据和监管数据，结合物联网、云计算和大数据技术，面向多个维度和主题，分析产业数据的关系，总结出装配式建筑发展过程中存在的主要问题及成因，利用大数据指导决策、提升质量、降低成本。通过互联网以及物联网等技术，通过大数据分析技术，不断优化、改进辖区内装配式建筑全产业链的配置。

【注释】

通过监管平台对项目经验的积累，逐步形成区域内装配式建筑项目大数据。基于人工智能等新型信息技术，实现对装配式建筑体系或部品部件的适用性、经济性、安全性进行智能化的分析，为企业决策与产业配置优化提供支撑。

# 附录 参考的主要标准规范

**1** 《建筑门窗洞口尺寸系列》GB/T 5824
**2** 《建筑构件耐火试验方法》GB/T 9978
**3** 《建筑幕墙》GB/T 21086
**4** 《建筑门窗洞口尺寸协调要求》GB/T 30591
**5** 《建筑模数协调标准》GB/T 50002
**6** 《建筑结构荷载规范》GB 50009
**7** 《建筑设计防火规范》GB 50016
**8** 《钢结构设计标准》GB 50017
**9** 《住宅设计规范》GB 50096
**10** 《民用建筑隔声设计规范》GB 50118
**11** 《公共建筑节能设计标准》GB 50189
**12** 《建筑内部装修设计防火规范》GB 50222
**13** 《民用建筑工程室内环境污染控制规范》GB 50325
**14** 《民用建筑设计统一标准》GB 50352
**15** 《装配式建筑评价标准》GB/T 51129
**16** 《建筑信息模型应用统一标准》GB/T 51212
**17** 《装配式混凝土建筑技术标准》GB/T 51231
**18** 《装配式混凝土结构技术规程》JGJ 1
**19** 《严寒和寒冷地区居住建筑节能设计标准》JGJ 26
**20** 《夏热冬暖地区居住建筑节能设计标准》JGJ 75
**21** 《夏热冬冷地区居住建筑节能设计标准》JGJ 134
**22** 《建筑钢结构防腐蚀技术规程》JGJ/T 251
**23** 《住宅厨房模数协调标准》JGJ/T 262
**24** 《住宅卫生间模数协调标准》JGJ/T 263
**25** 《非结构构件抗震设计规范》JGJ 339
**26** 《住宅室内装饰装修设计规范》JGJ 367
**27** 《装配式住宅建筑设计标准》JGJ/T 398
**28** 《工业化住宅尺寸协调标准》JGJ/T 445
**29** 《装配式整体卫生间应用技术标准》JGJ/T 467
**30** 《住宅厨房家具及厨房设备模数系列》JG/T 219